汉语现象学与跨文化哲学丛书

顾　问　倪梁康　靳希平
主　编　张任之
副主编　王　俊

时间现象学的基本概念

Grundbegriffe der Phänomenologie der Zeit

[德] 克劳斯·黑尔德　著
靳希平　孙周兴　张　灯　柯小刚　译
靳希平　校

贵州出版集团
贵州人民出版社

图书在版编目（CIP）数据
时间现象学的基本概念 / (德) 黑尔德著；靳希平等译. -- 贵阳：贵州人民出版社, 2025. 8. -- (汉语现象学与跨文化哲学丛书 / 张伟, 王俊主编). -- ISBN 978-7-221-18889-2
Ⅰ. P19；B089
中国国家版本馆CIP数据核字第2025LK0219号

SHIJIAN XIANXIANGXUE DE JIBEN GAINIAN

时间现象学的基本概念

[德] 克劳斯·黑尔德/著
靳希平　孙周兴　张　灯　柯小刚/译
靳希平/校

出版人	朱文迅
出版统筹	刘泽海
策划编辑	辜　亚
责任编辑	辜　亚　龙　婷
装帧设计	陆红强
责任印制	尹晓蓓
出版发行	贵州出版集团　贵州人民出版社
地　　址	贵阳市观山湖区中天会展东路 SOHO 公寓 A 座
印　　刷	天津睿和印艺科技有限公司
版　　次	2025 年 8 月第 1 版
印　　次	2025 年 8 月第 1 次印刷
开　　本	787mm×1092mm　1/32
印　　张	5
字　　数	94 千字
书　　号	ISBN 978-7-221-18889-2
定　　价	58.00 元

《汉语现象学与跨文化哲学丛书》总序

现象学运动是二十世纪最重要的人文思想运动之一，“回到实事本身”代表了一种现代语境下的学术态度和生活态度。由现象学运动发端，在欧陆引发的存在主义、阐释学、后现代主义思潮，在英美思想界展开的现象学与分析哲学的对话等，以及在东亚世界关注的现象学与东西跨哲学的探讨，都可被看作现象学运动的思想效应。晚近以来，将现象学作为方法拓展到人文科学的广泛研究更是方兴未艾。

汉语世界对现象学的关注肇始于1920年代，至1980年代，现象学经典开始成规模地被翻译成汉语，胡塞尔、舍勒、海德格尔、梅洛-庞蒂、萨特等经典现象学家的著作激发了汉语哲学圈的浓厚兴趣，期间涌现了一批高水平的现象学译著和专著，为汉语世界所特有的现象学研究论题和原创性理论也被不断建构。在某种意义上看，现象学的研究和译介已成为当代汉语学术的奠基性领域之一。

今天在新的时代语境下，如何从现象学中发掘新的问题视角和学术论题，如何令现象学运动焕发新的思想活力，是新一代现象学研究者的使命。我们可以从三个层次来理解今天的现象学研究：首先是作为思想经典的现象学，包括对于经典现象学家著作的编纂、翻译和阐释，汉译《胡塞尔文集》《海德格尔文集》《梅洛-庞蒂文集》《舍勒全集》《列维纳斯文集》等现象学基本文献出版为汉语现象学研究提供了坚实的文本和思想基础。如果说汉语现象学也可以被视为一场思想运动，那么经典的翻译是其中最为重要的部分之一，为汉语人文研究提供了大量的思想语汇。同时，围绕这些经典文本，近年来汉语现象学的研究也在不断拓展视域，关于现象学运动史的研究不断深入。第二个层次是作为研究论题的现象学。现象学运动为当代哲学研究拓展了很多新的研究论题，身体、情感、意向性、实存、死亡、交互主体性、生活世界等等，根本上更新了当代哲学的研究视角和范式。在汉语学界，现象学运动与汉语思想资源的结合也产生了一批新的论题，或者赋予传统中国哲学论题以全新的意义，心性、天道、物、家、亲亲等等。第三个层次是作为研究方法的现象学。自胡塞尔开始，现象学就是一种方法，而且是一种富有当代性意义的方法，与各具体学科结合，推进了社会学、心理学、教育学、文艺学、历史学、宗教学、人类学等众多学科的理论更新。

近年来，这三个层次的现象学研究在汉语学界均得到了蓬勃发展，越来越多的优秀学者加入到现象学研究队伍当中。贵州人民出版社本着难能可贵的学术眼光和理论兴趣，支持现象学丛书的出版，是对汉语现象学研究的重要支持。本丛书所选书目，既包含经典现象学研究论著的翻译，也有当今最活跃的现象学专家的代表著作，体现了世界范围内现象学研究的新进展，对于汉语学界更加全面深入地了解现象学史和现象学研究，对于中国自主知识体系建构，都具有深远的意义。

《汉语现象学与跨文化哲学丛书》编委会

译者前言

这里呈献给读者的是德国著名现象学家黑尔德先生于2004年国庆期间在北大作系列讲演的讲稿。

黑尔德先生师从胡塞尔的助手、胡塞尔《经验与判断》实际撰稿人兰德格雷伯（Landgrebe），长期以来一直致力于现象学的研究和现象学运动在德国的推广工作。他最著名的著作是《活生生的当下》（1966年）、《赫拉克利特、巴门尼德与哲学和科学的开端》（1980年）、《世界现象学》（2002年）、《在柏拉图处碰头》（2001年）。他是当代德国具有原创性的现象学家之一。

黑尔德先生生于莱茵河畔，具有莱茵人谦和、热情的性格。他数十年如一日，热情参与，倾力推动和支持现象学在亚洲，特别是在日本、韩国、中国等国家中的发展。中国现象学会的成立就得益于他的建议和支持。他是中国从事现象学研究的同仁的老朋友。

黑尔德来北大进行系列讲课的计划始议于1997年我在乌泊塔尔（Wuppertal）访问期间，原定在1998年10月国庆期间举行，但是行前不久，黑尔德先生的女儿病重，不能离开，临时派他的得意门生彼得·特拉弗尼（Peter Trawny）代他来北京主持了系列讲座。后来又有两次计划，均由于意外原因，未能成行。2004年10月，几度受阻的计划终于变为现实。

尽管这次讲座是在国庆长假期间举行，来听讲座的学生和同行仍然把燕园老化学楼二楼的小会议室挤得快要爆了。平时可供30人上课的教室，一下子进了100多人，还有许多人站在楼道上。外哲所的秘书孟令朋把会议室中的书桌、讲台全部搬到楼道上，大部分人才被塞进去。讲课期间还有一段小插曲：第四次讲座从下午2点开始，主题是“希望现象学”。讲完之后，同学们的问题一个接一个，直到天黑仍然不能散场。正当我在为黑尔德先生翻译他的答疑时，突然停电了，教室里一片漆黑，但是听课的学生和黑尔德先生都不肯离去。在黑暗中，黑尔德继续他对希望现象学的精彩答疑。接近晚上8点钟，同学们才依依不舍地同黑尔德先生告别。黑尔德先生十分兴奋。他说，他一生从来没有这种经历。中国年轻人对哲学的浓厚兴趣令他大为感动。

北大的四个讲座（第二到第五讲）是黑尔德先生专门为北大之行而写作的。这次准备出版时，又征得他的同意，将以前发表的两篇与时间相关的文章一并收入。其实译稿早已收齐，但由于本人生性疏懒，拖至今日，才将全部文字仔细校对完毕。柯小刚译出第四讲，张灯译出第五讲，张灯还帮我补译了第一讲，第六讲由我和孙周兴共同译出。赵月瑟老师对中国现象学发展的一贯支持是同仁们有口皆碑的。这本小册子得以同读者见面，也有赵老师的一臂之力，值此机会一并感谢。

柯小刚与张灯的译文，我做了不少改动，由于时间关系，未能征求他们的意见。如有舛误，均由编校者负责。

靳希平
2006年元宵夜
京西小清河畔

目　录

第一讲

作为数字的时间
——毕达哥拉斯学派的时间观念①

（张灯 译）

时间问题毫无争议是最深刻地触动了20世纪思想家的问题之一。在这一难题重新被纳入语言分析哲学的讨论之前，柏格森、胡塞尔、海德格尔以及梅洛-庞蒂的现象学先后推动了对这个问题的研究。在这一阶段，对时间问题的研究具有某种二元论的特征：一方面是原初的或本真经验到的时间，在胡塞尔那儿是“内在时间意识”（das innere Zeitbewußtsein），在海德格尔那儿是“去了封闭（entschlossenen②）的此在绽出的时

---

① 本部分文字的德文原文曾在P. 罗斯（P.Rohs）主编的《时间经验与人格性》（美因河畔法兰克福，1992年）一书中发表，见读书第13—33页。——译者注

② Entschlossen是由动词Entschliessen变化为形容词的，本意为“坚决”“果断”，同“决断”（entschliessen）有关。但是海德格尔分别从这个词的两个词根ent（离、去）和schliessen（关、闭）的本义的合成中去理解这个词，所以，流行的“决断”的译法似有不妥。现在改译为“去了封闭”或“去闭”，并不合中文习惯，但也是不得已而为之。——校者注

间性”。另一方面是被胡塞尔称为“客观时间”（die objektive Zeit），被海德格尔称为“流俗的时间观念”（die vulgäre Zeitauffassung）所派生的、从真实的生活世界中异化出来的时间经验。这二者被明确地区分开来。基本趋势是用这一区分将时间的可度量性和可计数性归于派生的时间体验。在亚里士多德著名的定义，即时间是“运动的数”中，时间与数字的关联表达得最为明晰。这种时间与数字的联系有别于生活世界中本源的时间性，它应属于断裂的时间经验这个层次上的东西。

只要我们想在古典哲学中找到权威或可供借鉴的范例，奥古斯丁和亚里士多德的工作就是首选：海德格尔在他的《存在与时间》中认为，亚里士多德的时间定义证明人们很早就失去了对时间的原初理解①。而对胡塞尔来说，奥古斯丁在《忏悔录》第11卷中对时间的分析则是首篇深入时间问题内核的文献②。奥古斯丁所属的柏拉图主义传统似乎向时间的本源维度敞开着，而亚里士多德的视角则对这一维度保持着封闭的状态。

但这一看法无疑不符合下述事实：被归罪于由亚里士多德所作的远离本源的分析，其实是被臆想出来的所谓非本真的时间阐释，〔即把时间理解为“数”（Zahl）〕，这实际上是所有柏拉图主义的始祖，也是柏拉图本人的时间理解的本质。在

① 参见马丁·海德格尔：《存在与时间》，第8版，图宾根，1957年，第420页。

② 参见马丁·海德格尔：《埃德蒙德·胡塞尔关于内在时间意识现象学的讲课稿》，图宾根，1980年，第368 页。

柏拉图的晚期对话《蒂迈欧篇》中，已经引入了将时间理解为数字的概念。但这一点似乎并无大碍，因为亚里士多德的时间定义和《蒂迈欧篇》中对时间的理解，它们之间看起来似乎毫无关联。这种印象时至今日仍在广为传播。因为即便在哲学史撰写对柏拉图和亚里士多德的语文学阐释中，人们仍未曾严肃认真地尝试去弄清楚柏拉图在《蒂迈欧篇》中是以何种方式、方法将时间与数字联系在一起的，以便亚里士多德在关于时间与数字之关系的看法之间搭建一座桥梁。直到最近，格尔诺特·伯梅才在这方面取得了突破[①]。

我将在下文中借鉴伯梅的工作，讨论在柏拉图和亚里士多德之间牵线搭桥的可能性。柏拉图在《蒂迈欧篇》中的宇宙生成论——其时间理论与之相关——带有明显的毕达哥拉斯主义的特征，因为此处所展示的世界基本是依据数字而规定的。首要的和最基本的数字性的东西（Zahlhafte）就是时间。首先我要指出，柏拉图《蒂迈欧篇》之时间理解的毕达哥拉斯主义特征究竟在何种意义上隐晦地、未公开承认地保留在亚里士多德的思想中。然后，我将提纲挈领地展示，这种毕达哥拉斯主义的特征仍旧主导着奥古斯丁《忏悔录》中对时间的分析。而依照上面引述的人们对奥古斯丁的理解，奥古斯丁的这种分析恰

① 格尔诺特·伯梅（Gernot Böhme）：《时间与数：柏拉图、亚里士多德、莱布尼茨和康德的时间理论研究》，美因河畔法兰克福，1974年。对这篇论文给予的重要启发我表示感激。关于柏拉图和亚里士多德时间问题的相关资料，我参考了此论文中所列的参考文献。

恰背离了古典哲学那种远离本源的，将时间理解为数字的阐释。

我所思考的主题就是古典时间观中哲学史的连续性，就实际的系统性而言，我这里涉及的是，针对首先由现象学传统所引起的猜疑提出辩驳。这种猜疑认为，时间与数字之关联的确立本身就标识了远离起源或异化于生活世界的时间经验。我之所以反对这一猜疑，是因为在我看来，这一猜疑在那些使得哲学与其他科学，尤其是在与自然科学产生疏远的进程中扮演着重要的角色。在现今世界中，对这种疏远的确认正发生着十分危险的影响。

我并不想按照时间顺序从柏拉图开始，而是先从亚里士多德的时间定义着手，因为这个定义的基础接近现象的分析，为我们提供了进入实际问题的最佳入口。我在文章开头引用的时间定义并不完整，其完整的形式为：时间是“依早和晚来看的运动的数目”①。“运动”，希腊文为*kinesis*，在此意指变化的所有形式。每种变化都是一种“自某物始”“至某物终”的进程，这一点我们在位移运动中看得最清楚。或许正是出于这个原因，亚里士多德才在他的分析中把位移这种变化当作主要的分析对象。

在亚里士多德的定义中，时间应当被理解为时间段（Zeits panne），也就是说，它是针对“从这儿到那儿的变化”（Veränderung-von-bis）来说的，即在位移的情况下，从起点

① 参见亚里士多德：《物理学》，219b1–2。

到终点的运动中那个不可或缺的“多久”（Wie lange）。这个“多久”是可以度量的。它具体地发生在对两个运动的比较中。在某人乘飞机从法兰克福到纽约期间，他手表上的时针在表盘上做了七次匀速圆周运动。因此，这个乘坐飞机的旅客可将这种圆周运动用作度量单位，在自己到达肯尼迪机场时确认：飞机的位移运动持续了这种每次皆相等的圆周运动的七倍之久。

亚里士多德定义中的“数”的概念不是指我们用来计数的数，如“1，2，3……”，而是被计量出来的数，是某物的“数目”（Anzahl），即同类物体（“5根手指”）的集合[①]。运动的时间就是在度量中被拿来做比较的，每次皆相等的运动的数目。

在其完整的时间定义中，亚里士多德并没有仅仅将时间规定为运动的数，而是补充说“依早和晚来看”（gemäß dem Früher und Später）。这一补充是必须的，否则此定义根本无法表达出时间上的时间性。它恐怕只能说明：每一运动皆可划分为阶段，这些阶段的数目可通过对运动的比较进行计量。从法兰克福到纽约的旅程的第二阶段，即分针做第二次圆周运动的那个阶段，是跟随着第一个阶段的。然而这种“跟随”同样存在于序数中。“第二”跟随着“第一”，具有某种逻辑含义。比如在一本法律著作中，该书的第二节以第一节为前提，而这原本与时间的前后相继毫无关系。

---

① 参见亚里士多德：《物理学》，219b5-8。

只有用“早”和“晚”才能把时间所特有的前后相继表达出来。但是，这仍旧无法保证，我们能从定义中听出这里说的是**时间**，因为我们也可以在逻辑的“第一”和“第二”的意义上使用它们。证明中的前提就是在逻辑上“早”于结论的东西。倘若我们要明确地表达出这个“早”和“晚”具有时间上的意义，就只能使用“现在”（Jetzt）或诸如“当下的”“今天”“在这一瞬间”等与之等值的时间限定词。

亚里士多德定义中的“早”和“晚”之所以具有如上所述的时间意义，是因为在《物理学》一书中，这个定义其实是书中前面提到的简单定义的一种更为详尽的形式。那个简单定义就是：时间是“为现在所划分的”东西①。第二个定义随后将这个“现在”进一步规定为“早”和“晚”，即早先的现在和后来的现在。

这样，我们就碰到了新的难题：如果亚里士多德在第一个定义中用“现在”定义时间，在第二个定义中用“现在性的早和晚”定义时间，那么他在定义中就使用了某种已经具备“时间”（Zeit）含义的东西，即“现在”。这个定义难道如某些阐释者所宣称的那样，成为循环定义了吗？倘若定义中的“早和晚”不专门意味着时间意义上的“早”和“晚”，那么就不会犯这样的错误。“早和晚”应该还有另外的含义，也许我们可以在非时间的意义上诠释这个“早和晚”。从这个非时间的意义出发，

---

① 参见亚里士多德：《物理学》，219a29。

定义中所涉及的时间意义也就变得可理解了。上面说到的“早和晚”的逻辑意义在此不予考虑，因为我们从中无法得知时间的意义。

亚里士多德认为，“早和晚”的词义中确实存在着非时间意义，而其时间意义也能由此推出。亚里士多德用一种精巧的抽象把这个意义发掘了出来。位移运动总是蕴涵着一个空间上的出发点——从一个位置到另一个位置的被移动者由此出发并移开——和一个它移向的目的地，运动就发生在这两点之间“绵延的间隔”（in dem ausgedehnten Zwischenraum）这一“维度”中。正如亚里士多德所言，间隔作为某种从一个地点延伸向另一个地点的绵延的东西，具有“大小”（Größe）的特征[①]，而运动就是对——于其自身而言同样具有延续性的——这一“大小”的持续不断地度量。

这一维度在上述的飞越大西洋的旅程中就是法兰克福与纽约之间的地表距离。在飞行的位移运动中，时间上较早的法兰克福和较晚的纽约这两站，在地理上仅仅是两个地点而已，它们仅表示空间中可用数字标识为第一和第二的两个位置。第一个位置可称为“较早的”，第二个可称为“较晚的”，而且，我们可以由此概括出，它们刻画了位移运动在时间意义上的“早和晚”。

这样，我们便通过对运动进行抽象得到了非时间意义上的

① 参见亚里士多德：《物理学》， 219b1/2。

"早和晚"，即位置的次序。但我们的思路如何又能成功地从这种非时间性的前后相继回到时间的意义呢？为此，我们在理解亚里士多德的时候必须特别注意我们是如何经历位移的。打个比方，我们正在想象中跟随着飞机从空间维度的一端过渡到另一端，也就是在其连续不断的位置转换中，从第一个位置过渡到第二个位置。但我们如何才能注意到，在被移动者的这一过渡中有着时间的作用？

在文中提出的第一个简短的定义中，亚里士多德用几个字给出了答案："我们在**运动**中感知'早和晚'"[①]。也就是说，我们把注意力从运动者（Bewegten）转向运动（Bewegung），即转向发生在两个位置之间的过渡自身。我们使届时的运动本身（die jeweilige Bewegung als solche）变成我们注意力的对象，当我们这样做的时候，决定性的事情发生了，我们看到那些呈现在我们面前的，到此为止一直是非时间的运动者的边缘位置，即纯粹空间意义上的第一个和第二个位置的"早"和"晚"处在一种新的视角之中："早"和"晚"，向我们显现为运动von-bis（从这-到哪儿），如今它们向我们显现作为运动的"从这儿-到那儿"，显现为两极，而只有在由一极到另一极的"从这儿-到那儿的过渡"（Übergangs-von-bis）的应力联系（Spannungsbogen）建构起来时两极才能存在。倘若我们将此意义上的"早和晚"嵌入运动之中，并仅从被指向的过渡性的

---

① 参见亚里士多德：《物理学》，219a24/25。

应力联系出发来理解“早和晚”，那么对我们来说，它们才获得了某种时间上的意义。

很显然，“我们”，即运动的观察者，必须有所行动，以使时间性的“早和晚”向我们闪现。在亚里士多德和古典时期的语言中，“我们”指我们的“灵魂”。亚里士多德说，若无灵魂，时间就不存在①。是灵魂使时间步入显现（In-Erscheinung-Treten），因为在保留上述抽象进程的情况下，灵魂自身并不满足于仅仅跟随着运动者从第一个位置移向另一个位置。灵魂更多地关注被以此理解的运动本身（Bewegung als solche），并借此使得那非时间性的“早和晚”通过运动陷入其中的**关系展示出来**。

“关系”的概念在希腊数学中被叫作*lógos*，它也是希腊文中表示“语言”②的词。这并非偶然。如果我们关注运动本身，并且借此来清晰地表达时间上的“早”和“晚”之间的关系，我们就要通过说话来做到这一点。而在说话中，我们无法避免地要使用“现在”这个词，或用上文提到的与它等价的一个词。但是，“现在”一词究竟能以何种方式使我们将嵌在运动之中的关系揭示出来？

两个东西“处在一种关系之中”，它的意思是它们并非

---

① 参见亚里士多德：《物理学》，223a21ff。

② 关于关系概念的含义与对基本概念*lógos*的恰当理解，可参见拙作：《赫拉克利特、巴门尼德与哲学和科学的开端：一种现象学的思索》，柏林，1980年，第174页。

毫无联系地比邻，而是共属一体。如此便构成了一种统一性（Einheit）。但在这种统一性之中，相互关联的两个东西不会消失。关系就是统一性，它把多个——在我们这里是两个——统一性分离开来，同时又将它们聚在一起。这种两个元素的统一性在德语中可用“一对”（ein Paar）这样的词语来表述。相应的，“一打”（ein Dutzend）可用来表述十二个元素的集合。在其他语言中也存在类似的概念。

它们将其中被认定为多样性的东西明确地表现为统一性。单单使用“二”这个数字并不会特别凸显出被认定在一起的东西（das Zusammengedachte）构成了统一性，如一双鞋、一对夫妻、一对双胞胎所表现出的统一性。在某种统一性中，如此聚集在一起的东西在我们面前显现为一种格式塔（Gestalt）。也就是说，这里涉及的是一种构成格式塔（即构成完型“gestalt bildend”）的数目概念。德语中只有“双”和“打”能表达这样的数目概念。相反，古希腊的数学对每一个数字都能从这种意义上进行理解。在这里，它继承的是毕达哥拉斯学派对数的理解。由于对当时古希腊的数学来说，数字构成着格式塔（完型），所以当时的人们就可以将他们的基本信念——世界的秩序是格式塔（完型）式的——概括为如下的论题：一切都是数[①]，

① 参见亚里士多德：《形而上学》，986a21（也就是迪尔斯/克兰茨：《前苏格拉底哲学家残篇》，B5）。

或者说，一切符合数[1]。

灵魂揭示出，作为在一个维度内的过渡的运动，就是“从这儿-到那儿”的应力联系，即**一种**联系带有两个外在的极点，它们在过渡中被分离，进而又被聚合在一起。这种关系，这种数学意义上的*lógos*，具有毕达哥拉斯学派所理解的数字“二”的特征。灵魂使运动中的关系得以显现的方式，就是语言意义上的*lógos*，即“现在”一词。旅行者在其飞越大西洋的旅途中或许可以说：“行程**现在**开始。”在使用“现在”一词之时，航程在他眼中是从法兰克福到纽约的**一次**位移运动。这也是一种统一性，这种统一性把运动外在的两极聚合为统一的运动。他也可以用“现在”来表述飞机启程的那个现在，或表述飞行终止的那个现在，即时间性的“早”和“晚”，同时也表示了“从这儿-到那儿”的双数性（Zweierlei）：它在某一运动的统一性中，却保持着相互分离。

只要人们用“现在”来表述某个特定运动中的某一个聚合在一起的统一性，他们就把这一运动从其他运动中区分了出来。亚里士多德由此得出了第一个简单的时间定义：时间是“为现在所划分的”东西。值得注意的是，亚里士多德在第一个定义中使用了“现在”一词的单数形式。而在直接讨论定

① 参见扬布利可（Iamblichos）：《毕达哥拉斯生平》，第162页。关于整个背景可参见O. 贝克：《毕达哥拉斯学派思想的现实意义》，摘自《新思想中的希腊人：纪念H.G. 伽达默尔诞辰60周年特辑》，图宾根，1960年；以及前面所引用的G. 伯梅的作品，第178页。

义的句子中，亚里士多德引人注目地谈论着两个“现在”。而在后面扩展的定义中，两个“现在”以“早”和“晚”之名出现。从第一个定义到第二个定义的过渡，并非如某些阐释者所认为的那样发生了一种断裂，因为亚里士多德所使用的两个“现在”并不是指某种不同于单个“现在”的东西。毋宁说，他只是更清晰地表达了那单个的现在性：一个既分离又聚合的运动的统一的现在性——先前他从聚合的统一性的角度谈论这一运动，而今又从分离的二元性来谈论同一运动。

分离的双数性，即早和晚，也是运动的可数性（Zählbarkeit）的开始。倘若人们将“早和晚”表述为阶段的区分，他们就会得到一个关于诸阶段的、任意大小的数目，因为在一个运动的所有子阶段中，“早和晚”的关系都在重复。于是时间便可被定义为运动的数目，即阶段序列的可清点性（Abzählbarkeit）。显然，这种可清点性仅仅是亚里士多德在将时间定义为“运动的数”时引申出来的意义。在根本意义上，时间之为数，指的是毕达哥拉斯主义“一中之二”（Zwei-in-Eins）的原初关系，即单个“现在”内部延展出的两个“现在”。

在分析哲学中，人们在讨论麦克塔格特（McTaggard）的著名短文时，会讨论到所谓静力学（statisch）时间与动力学（dynamisch）时间之间的关系[①]。引发这一讨论的是以下的事

① 参见麦克塔格特：《时间的非现实性》，摘自*Mind*，1908年。在德语文献中，关于这一问题的总体研究，首推P. 比里：《时间与时间经验》，法兰克福，1972年。

实：关于相对于较早的时间段和较晚的时间段的不可变更的次序的表象（Vorstellung）和过去与未来之间的届时的现在的表象（die Vorstellung vom jeweiligen Jetzt），这两种表象似乎是建立在相互独立、不能互相还原的两种不同的经验或者两种不同的理解之上的。先前所提出的回到亚里士多德的建议可以表明，此问题完全是多余的。当分析工作未曾推进到灵魂与运动相遇的原初时间经验时，这个问题就会产生。在这一原初的时间经验中，我们会意识到“现在”是“早”和“晚”的关系，在这种关系中，我们得以一下子同时经验到“分析者动力学的A时间”和“静力学的B时间”，即一下子经验到每个当下的、从未来（Zukunft）到过去（Vergangenheit）的过渡性（分析者动力学的“A时间”）和“早于……”“晚于……”关系的本源（静力学的“B时间”），两者均在同一经验的不可区分的统一性中与我们相遇。

但现在人们或许会问：灵魂在运动中发现“一中之二”的原初关系，这如何可能？或许这种原初关系作为某种“主观的东西”“内在于”灵魂之中，并在对象化的进程中，灵魂将其赋予运动？为反驳上述阐释，亚里士多德指出：灵魂只是使原初关系显现出来，而这种原初关系**就是**运动自身。然而运动的这种“关系式存在”（Verhältnis-Sein）**作为**关系仅仅在灵魂与运动的遭遇中才会出现，关系就是某种在两者“之间”的事物。这个发现使我们超越了亚里士多德，因为它表明：在更深切的观察之下，作为毕达哥拉斯式的“一中之二”的原初关系的时间，是一种对“之间”的规定，灵魂与运动在其中相遇，或者更好的说法是，总是在其中相遇。因此，我们必须将我们的注意力投向这个“之间”，而这是亚里士多德没有做到的。

“灵魂”（希腊文*psyché*）原初的含义是生命活动（das Leben）。时间就起源于生命活动与运动的汇合之处（zusammen kommen）。在亚里士多德的师尊柏拉图那里，这种“一起”（Zusammen）就已是一个哲学研究课题。运动本身（Bewegtsein ueberhaupt）的运动性（Bewegtheit）作为总是变为另外东西的（Immer-wieder-anders）非同一性（Nichtidentität），对柏拉图来说正是我们人类在其中生活的感性世界的，即我们的生活（Lebens-，生命活动-）世界的存在方式。但这种非同一性绝不能理解为秩序的缺乏。因为《蒂迈欧篇》告诉我们，感性世界的“运动性”实施就是持续进入格式塔性（即完型性，Gestalthaftigkeit），而这种完型性则是理念预先给定的。这就是说，感性世界的“运动性”实施就是秩序持续的自我保存（Selbsterhaltung）。而自我保存就意味着生命活动。也就是说，柏拉图把“运动性”的思想视为生命活动，把思想视为“被赋予灵魂”（Beseeltheit），这是我们世界的所有部分及其整体所特有的①。就这个意义而言，我们可以说，在柏拉图那里，我们的世界就已经是一种“生活世界”（生命活动的世界，Lebenswelt）。当然，这是就这个概念的基本意义来说的。

---

① 关于该理论的背景，可参考柏拉图：《蒂迈欧篇》，30a–c。

还是在《蒂迈欧篇》中，时间作为感性世界生命力的基本条件被引入。它是那种运动着的存在，它从根本上使感性世界的秩序成为可能，这个秩序使感性世界不断自我更新。在《蒂迈欧篇》毕达哥拉斯主义式的创世故事中，这种时间——它规定了灵魂与运动的原初统一性（ursprüngliche Einheit）——具有了毕达哥拉斯主义式的数目性（Zahlhaftigkeit）的特征，并首先具有了原初数（Urzahl）“二”的特征。也就是说，其师柏拉图对时间的理解方式暗中滋养着亚里士多德。

但在《蒂迈欧篇》中，时间是如何成为被思考为“一中之二”这种毕达哥拉斯式的原初关系（Urverhältnis）的呢？对这个问题的回答，可以引导我们认识时间的数目性特征。柏拉图让蒂迈欧把时间定义为“按数而发展的、凝固于‘一’中的永恒（*aíon*）的永恒性（aionhafte）影像”[①]。按原文后面的说法，时间作为一种按数发展的东西“运动着”。定义涉及的*aion*，是永恒的理念世界——感性世界之原型——存在与保持的方式[②]。时间是理念世界的保持方式在尘世的影像。如同尘世中的一切，时间作为运动着的东西是不完善的。但在所有不完美的事物中，它占有着可能达到的最高程度的完善性。柏拉图用定义表达完美性，把时间归为永恒的影像，而影像自身又是永恒的，即具有

① 关于该理论的背景，可参考柏拉图：《蒂迈欧篇》，37d。

② 关于*aion* 的含义参见拙作：《赫拉克利特、巴门尼德与哲学和科学的开端：一种现象学的思索》，第438页起，以及G. 伯梅：《时间与数：柏拉图、亚里士多德、莱布尼茨和康德的时间理论研究》，第77页和第92页。

*aion*的特性，用希腊文说，就是*aiónios*。

柏拉图的这一说法并没有取消时间的运动性。时间的运动性仅仅源自一种独一无二的特质（einzigartige Beschaffenheit），而时间的完美性应该可以在其中找到。我们怎样具体地体验这种运动性呢？柏拉图在我们引用的时间定义之后的话中给出了答案[①]。他紧接着说，时间有很多部分（Teile，希腊文*mére*），而且它向我们呈现多种视角（Aspekte，希腊文*eide*）。当永恒（*aion*，如定义中所说的）"凝固于一"中时，即当永恒是一种不带多样性的同一性（Identität ohne Vielheit）时，那么它的影像虽然也是"一""那一个时间"，但这个"一"在自身之中包含了一个双重的多样性——部分的多样性与视角的多样性。

许多阐释者都猜想，这两个多样性指的是同一个东西，但柏拉图不会做出如此草率的表述。时间的部分和时间的视角不是同一个东西，尽管它们相互依赖、不可分离。[②]时间有两个视角，柏拉图用"曾是"（es war）和"将是"（es wird sein）[③]这样的说法来称呼它们。它们在这里指的是过去（Vergangenheit）和未来（Zukunft），但也可以把它们理解为时间的部分，并导致误读，即把时间的部分和视角看作同一个东西。倘若我们

① 柏拉图：《蒂迈欧篇》，37e。

② 关于时间的部分和视角参见G. 伯梅：《时间与数：柏拉图、亚里士多德、莱布尼茨和康德的时间理论研究》，第101页和第106 页。

③ 柏拉图：《蒂迈歌篇》，37e。

将过去和未来看作时间的部分，就可以将其理解为时间由现在（Jetzt），即“当下”（Gegenwart）划分为两大阶段。这个“现在”也在阶段之间起着连接作用，因而它就显现为界限。而作为界限的“现在”并未出现在柏拉图的《蒂迈欧篇》中，这里柏拉图不同于亚里士多德和后来的奥古斯丁。柏拉图称之为“曾是”与“将是”的过去和未来一定另有所指。

为了理解未来究竟如何能够被解释为不同于时间的部分或阶段的东西，我们可以求助于法语。表示位于当下“之前”的时间段的未来，这在法语中叫作futur。此外还有被称为avenir的概念，avenir 的字面意思是“到来”（Ankommen）。“到来”绝不是一个被表象为静态的部分，而是一种运动。作为视角的未来是时间的两个视景（Anblick）之一，时间的运动性就是在这两个视景中呈现在我们面前。时间**作为**运动，一方面是“到来”和“出现”进入显现的光明中，时间的运动性的另一个视景是“离去”和“消失”潜匿入昏暗中。我们人类主观地经历到这种双重特性：一方面，我们生命的运动性可以显现为持续的新的开端和重生（Wiedergeborenwerden）；另一方面则显现为不断地走向死亡（Auf-den-Tod-zugehen）和预备逝世（Vorbereitung des Sterbens）。柏拉图说“曾是”与“将是”时，指的就是这两种显现方式。因此，接下来他就开始谈论“变年轻”以及“变老”[①]。两者都是整个感性世界（Sinnenwelt-im-ganzen）的运动

① 参见柏拉图：《蒂迈欧篇》，38a。

性的视角，因为据柏拉图的看法，这个世界具有生命的特征。

时间的运动性是一种以双重方式——并仅以双重方式——展示自身的过渡性，就同碗的弧形类似。根据人观察的侧面不同，可以将碗的弧形看作凸的，也可以看作凹的。这一过渡性的双重视角也隐含在赫拉克利特“时间之河”的比喻中，因为水的流动在任意一个位置都可以同时看作流来与逝去[①]。与时间不同，它的原型*aion*（永恒）只有一个单一的视景：它仅仅是“当下”，但是这个“当下”却是一个我们以“现在”这个词无论如何也无法囊括其含义的“当下”。这个我们人类绝对无法达到的“当下”的同一性使“凝固于一”的*aion*（永恒）得以高居于一切多样性之上。

令人惊讶的是，尽管时间与永恒之间有着极深的裂痕，时间却仍然以一种类似永恒的方式成为永恒的摹本。也就是说，尽管其视角的双重性是无法摒弃的，但时间仍具有一种在感性世界中无可比拟的同一性。其原因就在于，“到来”与“离去”彼此无法分割。用悖谬的方式说得更尖锐一些：它们甚至是同一个东西。因为在步入显现的运动性中，我们遭遇的东西，除了消失（Versch-winden）什么也不是；反之亦然。我们在位移的特定形式中也能看出运动的这种关系，比如围绕圆周行走或奔跑。这种运动的每一个阶段都可以同时被看作“从起点离去”（Sich-

① 参见拙作：《赫拉克利特、巴门尼德与哲学和科学的开端：一种现象学的思索》，第328页。

Wegbewegen-vom-Ausgangspunkt）和“向起点回归”（Sich-zum-Ausgangspunkt-Zurückbewegen）。倘若这样的运动在一条具有无限均匀的弧度的圆周轨道上进行，在古时它就可以被称为“完美的运动”。这是有道理的。因为均匀弧度上的运动，在每一阶段都仅表现出一种趋势，即回归其本身的“何所从”（Von-Woher），它是“何所向”（Wohin）与“何所从”之间运动的同一性[①]。

人们只有在完美的圆周位移运动中，才能感性地识别出两种时间视角下的运动的同一性。因此，对于柏拉图而言，一定还存在着这类完美的运动。在《蒂迈欧篇》中，他假定这类完美运动发生在天上星辰的圆周运动中。这样我们再次找到了从哲学上论证这一事实的基础，让时间的多样性以两种方式出现：除了视角的双重性之外，时间还在部分方面存在着多元性，亦即时间的片段。时间被划分为各个时期和时代，却无损于其完美性，也就是说，无损其同一的特征。这又如何解释呢？

首先要确定，柏拉图所说的部分，并不是指我们从时间线上任意裁剪下来的某些片段。部分更多是指如日、月或年在我们生活世界的经验中不断重复的时间周期（Zeitperiode）。每个这样的周期都是——如希腊词*periodos*所表达的——星辰圆周运动的圆满完成。时间具备完美性——尽管其部分是多样性

---

① 参见拙作：《赫拉克利特、巴门尼德与哲学和科学的开端：一种现象学的思索》，第143页。

的——的原因在于，所有这些圆周运动都只是一个单一的圆周运动的不同运作方式。只要所有天体的运转相对于彼此处于一种整数关系中〔也就是“可公约的”（kommensurabel），我们可以用柏拉图时期的希腊数学所引入的概念进行表述〕，这一点就可以得到保证。柏拉图自己也在其后期对话《泰阿泰德篇》中提到了这个概念。①根据柏拉图的猜想，整个宇宙有一个总的时间周期，“大世界年”中囊括了所有星辰或长或短的时间周期的整数形式的倍数（das ganzzahlige Vielfache）②。

这样，便保证了在所有星辰周期及时间周期的可公约性中不存在任何例外。这就意味着在时间的圆周运动中，“到来”与“离去”的同一性完美无期地（lückenlos）得到了保障——保障就在于可公约性。在时间定义中，当柏拉图说，时间“依据数行进着”，他指的就是可公约性。他在这里想到的并不是我们所熟悉的推进至无穷的数字序列。他更多是指时间“在圆周中运转”（Im-Kreise-Herumgehen），周期即从中诞生，它们相互间构成整数倍。比方说，周年就是月份的整数倍。通过可公约性，十二个月份统一成一个整体，即时间的完型（格式塔）“年”。时间的每一个部分都以这种方式成为完型数（格式塔数），即毕达哥拉斯意义上的数。所有这些毕达哥拉

---

① 参见柏拉图：《泰阿泰德篇》，147d。

② 关于该理论的背景，可参考G. 伯梅：《时间与数：柏拉图、亚里士多德、莱布尼茨和康德的时间理论研究》，第144页。

斯式的时间数，即所有这些时间周期，都被毫无遗漏地包含在一种时间的圆周运动中。而其运动着的同一性作为“到来性”（Ankünftigkeit）与“离去性”（Weggängigkeit）之一起与分离的统一，则无异于毕达哥拉斯的原初数“二”。

倘若人们在这种意义上，在柏拉图那里按照毕达哥拉斯的方式去理解时间的数的特征，那么人们就必须针对海德格尔、胡塞尔以及一切有类似想法的人说：这种特征并非时间的次要规定，而是构成时间的本质内核。正如时间在构成我们生活世界经验的基础中所展现的，时间的基本（Grundbestimmung）就是“到来性”与“离去性”之间运动的统一性[①]。生活世界的经验以某个维度（Dimension）为前提，经验即在此维度中发生。据柏拉图在《蒂迈欧篇》中的观点，这个维度与这个世界向其可经验性的敞开状态，同时原初地在两种原初运动性（Urbewegtheit）之间的应力（Spannung）中伸展开来。这两种原运动性：一种是“到来性”，指可经验之物向光明的接近（Ans-Licht-Kommen）；另一种是“离去性”，指向昏暗中引退（Ins-Dunkel-Entgleiten）。这种“步入存在”与“从存在中引退”之间的反向关联性（Gegenzügigkeit）是通过时间实现的，作为经验空间中生活世界的原初维度被建立（Dimensionierung）。这一维度的建立进程表现在人们的言谈中，这一点在亚里士多德那里

① 参见拙作：《胡塞尔之后的时间现象学》，摘自《哲学诸视角》，由R. 柏林格出版，1981年。

得到阐释。言谈是关系的展示，用希腊文来说就是 *lógos*（逻各斯）。“逻各斯”使得变化的、运动的世界经验的空间维度得以建立，这种“逻各斯”是一种数学关系。人们在说“现在”的时候，作为毕达哥拉斯式的原数“二”这一数学关系，便经由运动步入光明。

人类的灵魂为被理解的“逻各斯”构建了处所，所以在亚里士多德看来，若无灵魂，就不存在时间。五百年之后，普罗提诺——在这里我不得不跳过对普罗提诺的分析——及其后继者奥古斯丁在分析时间时，又重新提到了这一思想。奥古斯丁在其《忏悔录》第十一卷①中的问题，可以被理解为亚里士多德式问题的彻底化。奥古斯丁想要知道的是，灵魂处在什么样的状态下才能够在言谈中把数量关系，即时间的数量关系**作为**关系展示出来？

在亚里士多德看来，人在说“现在”的时候，“从这儿到那儿的过渡”（Übergangs-von-bis）作为一种运动，它的应力联系既是分离又是聚合的。为此我们需要一种特殊的能力，一种既分离又聚合的内在力量，一种使分离的应力与聚合的应力统一在一起的持续张力（Anspannung）。为了在说“现在”时运动的“一中之二”得以彰显，灵魂必须从自身内

① 关于奥古斯丁研究的现状以及《忏悔录》中时间的问题，我参考了以下文献，K. 弗拉士：《奥古斯丁》，斯图加特，1980年，第263页以及第447页；关于二手资料的简要情况参考了C. 安德雷森：《奥古斯丁生平》，第2版，达姆施塔特，1973年。

部识别这种特有的张力，它是既往一处拉又向外伸展的应力（zusammenspannende Ausspannung），这就是奥古斯丁的基本论点。他用来规定时间的关键词叫作“向外伸展”（*distentio*，即德文的Ausspannung），这并非偶然。而且，奥古斯丁贯穿其时间分析核心部分的全部语汇中，到处都可以听到拉丁词*tendere*的声音——意为“向某个方向伸展”。奥古斯丁是雄辩术教师，对语言有着极强的意识，他这样使用*tendere*当然是有意为之。奥古斯丁关于时间的思考，一直围绕着“自己向外伸展”（Sich-Auseinandarz pannen）而进行。通过“自己向外伸展”，灵魂使作为时段（Spanne）的时间成为可能，如同我们在德语中以奥古斯丁的方式在说话一样。

如亚里士多德所说的，作为时段的时间包含着广延（Ausdehnung）和“大小”。此外，亚里士多德还断定，在对“现在”的体验中，我们是以原初的方式经验着时间。由于奥古斯丁关心的是灵魂在构造时间中所起的作用，所以，对他来说问题就变成如何将“广延”与“现在”互相协调一致。“现在”就是“过去”和“未来”在分离的同时又联系在一起，由此它便具备了界限的特征，而被视为界限的“现在”只是一个没有广延的（praesens non habet spatium）点。另一方面，时间是有“大小”的，因此可以度量。然而没有广延的东西是不可度量的，因为度量以某种维度的建立为前提。在这个维度中，度量单位的多少得以计量。那么我们应当如何解释，在“现在”中原初经验的时间确实是可以度量的[①]?

作为界限的“现在”是没有广延的，没有任何广延可以使它被拉长和被延展（*nullo spatio tenditur*）。[②]作为这样一种无广延（dehnungslos）的时间的最小单位“现在”，在它之中不具有任何存在。这就意味着，在“现在”中被经验化的时间自身似乎根本就不存在。亚里士多德已经遭遇了这一窘境[③]。为什么作为界限的“现在”之中不具有存在？亚里士多德把它与我们用来分割线段的点进行比较，从而解释了这个问题。点是与“现在”类似的东西，因为它同时分割和连接着位于其左右两侧的线段，这同样也是“现在”与“过去”和“未来”的关系。

点**连接着**位于其左右两侧一条线上的线段，因为人们可以同时把它视为左侧线段的终点和右侧线段的起点。倘若我们将这条线看作一条人们沿着它行走的道路，那么这个点就是一个人们可以停下来前瞻后顾的驻足点。若是回首已被撇在身后的路程，这个作为回首起点的驻足点就表现为终点。反之，对于人们向前展望的路程来说，它则是起点。这个点现实地把被它分割开的东西连接在一起。这个点之所以存在，是因为人们可以停留在其上。然而就“现在”而言，人们无法做到这一点[④]。

---

① 参见奥古斯丁：《忏悔录》，XI16与XI21。

② 同上，XI15与XI27。

③ 参见亚里士多德：《物理学》，217b33。

④ 亚里士多德：《物理学》，220a4ff和227a10ff。

过去虽然在“现在”中开始，而未来又在“现在”中终止，但在我想要停留其间并握紧它时，过去作为当前的开端，总是已经消逝在过去之中；当我想要把未来的一段作为当前的一刻固定下来之时，未来已经终止，也已不再是未来，而是在某种程度上滑入了过去。在“现在”这里，没有驻足点，因为它本身是一种纯粹的过渡。线上的点是静态的，是对驻留有所保障的连接点，它具有真实的存在。相反的，“现在”本身是一种流动着的东西，它的出现是一种消逝。“现在”在一定程度上与点的存在有相似之处，是准一点性的存在，但实际上它无非是纯粹的流逝。在此意义上，“现在”是某种虚无的东西。

这样一种无广延的、虚无性的“现在”，是如何能够撑起一个时间的维度和时间的广延的呢？在这一问题的探讨中，奥古斯丁开始把时间解释为灵魂向外撑出的应力（*distentio animi*）[①]。奥古斯丁的著名分析就是对音乐旋律体验的分析。奥古斯丁设想，自己在吟唱一首歌曲的第一行：“*Deus creator omnium*。”（“上帝啊，你是创造一切事物的主。”）[②]我用于感知的注意力关注着此刻由这行歌（Ziele des Liedes）所给出的东西，即朝着已经被感知的部分的伸展，用拉丁语说就是：我的关注（*attentio*）或意向（*intentio*）——又是由动词*tendere*派生的词汇——使我现在，在这一刻，在歌唱的同时对这行歌

① 参见奥古斯丁：《忏悔录》，XI26。

② 同上，XI27。

有所意识。但进入我意识之中的东西，其浮现的同时已经在瞬间的流逝中消失殆尽。尽管如此，我的灵魂已被这个流逝的东西所感染，并将其保存在随后的记忆中，保留在灵魂的记忆力（*memoria*）中。此时此刻，我的期待（*expectatio*）已经指向了那些即将“到来”的、同样流逝的印象①。

记忆与期待，连同对“当下”之物的关注构成了一个不可分割的统一体。若我们把对“当下”之物的关注从这个统一体中抽离，那么*attentio*（关注）同样也是无广延的、流逝性的，如关注所接收到的“当下”印象一样。在我的灵魂中，它仅仅是那个在其自身中过渡的、虚无性的交叉点。在这个交叉点上，那些于我的灵魂而言能够从未来进入“当下”的东西，同时又从这一流逝的、无本质的“当下”直接沉入过去。这里应当注意的是，未来尚未“是”，而过去已经不再“是”。抽象地来看，*attentio*（关注）已经不再是我的灵魂中那自身的虚无性的转换点，即从“未来之无”向“过去之无”过渡的转换点。如果人们放弃这一抽象，转而在其与期待及现实记忆的不可分割的统一性中观察*attentio*（关注），那么人们就会遇到一件奇特的事情：自身无本质的、流逝性的*attentio*（关注）获得了一种特有的绵延性。

就上文所述的歌唱和对歌行（Liedzeile）的意识，奥古斯丁进行了如下的分析：在期待、当下的关注和具体记忆的统一

---

① 参见奥古斯丁：《忏悔录》，XI28。

体中，我对全部歌行的整体是有意识的：我已经歌唱过的，业已留在我的记忆中；我当下正在唱的，在我的关注中；我将要歌唱而尚未歌唱的剩余部分，还在我的期待中。然而这种对于歌行的整体意识，并不是一种静态的意识，而是在自身之中持续实施的运动：在继续吟唱中，记忆内容的增加与尚未歌唱的剩余部分的消解是以同等的规模进行的①。在穿越作为界限的*attentio*（关注）的进程中——过渡即在此间进行——实施着这种同等规模的转移。就像一条由左向右穿越电视荧屏的线那样，*attentio*（关注）穿过了全部歌行所需的时间总量（den gesamten Zeitvorrat）。

就和所有的对比一样，上述的对比也不算十分恰当，*attentio*（关注）穿越歌行所需的时间量的历程并不是位移，因为它发生在非空间性的灵魂内核之中。这一历程并非外在地发生在*attentio*（关注）身上，如运动的对象发生位移那般；毋宁说，这一历程无非是*attentio*（关注）在其自身之中的点状的过渡。倘若我们抽象地观察这种过渡性，就会发现*attentio*（关注）的这一历程不具有存在。但具体来看，有两种强劲的应力将它拉紧，即被不断丰富的记忆与相应地不断贫乏下来的期待所拉紧。由于处在这种中间的地位，*attentio*（关注）在两方面都赢得了驻留（Halt），并由此获得了一种特有的持久性。对于柏拉图主义者奥古斯丁来说，持久性就意味着存在。

---

① 参见奥古斯丁：《忏悔录》，XI27。

我们从中可以剖析出下述论点：从外部观察，在其与期待及回忆的具体的统一性中，*attentio*（关注）成为某种悖谬性的显现——对于灵魂而言，*attentio*（关注）使得广延得以产生，并因此使时间的存在得以显现，但这一切恰恰是因为*attentio*（关注）是无广延的、点状的（punktuell）和虚无的（nichtig）。*attentio*（关注）的过渡性就是它的点状性和虚无性，而过渡性就是一种传递进程（transport）。通过这种传递进程，期待中的未来在消解，以利于记忆中的过去的增加，并且在这一传递进程的实施中，我们经历了向外伸展的应力，即时间的广延。正是通过这种传递，我们能够对由未来、“当下”和过去合在一起的整体有了意识，拿奥古斯丁的例子来说，就是对已唱和未唱的唱段的整体有了意识。

奥古斯丁与亚里士多德一样，认为时间就是“从这儿到那儿的时间段”（Zeitspanne-von-bis）。通过上文描述的灵魂自己的向外伸展（Sich-Auseinanderspannen），即*distentio*（向外伸展），灵魂使得这种时段成为可能。但是这里涉及的不仅仅是用来吟唱某行歌曲的那种短暂的时间段，而是自身可以不停地延展的时间段。它可以延展到如此之宽，以至于囊括了人的整个一生，甚至囊括了代代相传的整个人类的生存[①]。因为，在届时的期待、*attentio*（关注）及记忆的统一性中，我在原则上意识到，我生命的或人类生命的所有能够预计的未来的世界储备

① 参见奥古斯丁：《忏悔录》，XI35。

（das gesamte Zukunftszeitbugdet）是以何种程度在进行消耗：它恰好等于穿越每一个*attentio*（关注）的过渡中，被传递到过去的那一面的量，也就是让过去继续增长的量。

人类的时间是彻头彻尾的虚无的（nichtig）；未来尚未存在（noch nicht），而过去已不在（nicht mehr），那流逝着的现在作为两者之间的界限同样不具有存在。但在一定程度上能使之有所平衡的是，这种受过虚无性浸染的整体性中，人类的全体时间在每一个“现在”中都在场。灵魂以“自己向外伸展”的方式涵盖了个体生命以及人类生命的整体，也就是说，灵魂使生命运动的整体**统一性**得以显现。但是，这之所以得以发生，恰恰是因为作为界限的虚无性的“现在”，把生命的两个就其自身而言非存在性（inexistenten）的两个维度——未来和过去——**相互分离**开来。作为虚无的东西的生命，它的全部过去和未来既被分离又被联合在“现在”的过渡性的虚无中。这样，灵魂的内在性中就又一次出现了“一中之二”。

奥古斯丁以这种方式对时间理解中认为整个尘世均未虚无的最极端的柏拉图主义中的毕达哥拉斯主义的立场作了最彻底的思考。有罪的人类以极端的方式引渡给这种虚无性的，他将自己的心悬在这个世界的虚无的多样性之上。为了描述人类的这种丧失自我的分散性，奥古斯丁重又使用了*distentio*（向外伸张的应力）这个概念[1]。这种经过《圣经》与基督教的动机改造

① 参见奥古斯丁：《忏悔录》，XI29。

过的柏拉图主义塑造活动，已经突破了古典哲学思想的框架，尽管如此，它们却不是什么全新的东西，不过是把古老的毕达哥拉斯式的思维模式推到极致而已。

从奥古斯丁是如何具体地规定未来与过去之“联系中的相互分离”的，我们就能看出来，这个思路一直是毕达哥拉斯式的：在灵魂中，甲的增加等于乙的消解，也就是说，这是依照量的比例关系发生的。记忆中过去的增加，与期待中未来的消解在量上是等同的。这种比例关系维持着未来唱段的减少与过去的增加之间的平衡，并以此方式赋予唱段的整体以当下性。在以此种方式附带实施当下化（vergegenwärtigen）的整体视域中，对时间的度量才成为可能。在唱“deús creátor ómniúm”（“上帝啊，你是创造一切事物的主”）这句唱段时，我意识到它每次出现时第二个音节较长，而第一个音节较短。我和亚里士多德一样了解其多长，经过比较了解它的尺度，在一定程度上我使发声时间较短的音节与发声时间较长的音节保持相邻关系。尽管“此刻的现在”（Momentanjetzt）具有绝对的流逝性，但这种“保持相邻”（Nebeneinanderhalten）却是可能的，因为尺度的比例关系会扩大到整个时间视域。

对这种度量关系我们应当进行精确的描述：唱段的未来和未来本身，与它们在期待中的消解之间的关系，就相当于过去同它在回忆中的增加之间的关系。由这种简单的关系，即从亚里士多德的逻各斯出发，在奥古斯丁那里，这种关系发展成了两种关系之间的关系（ein Verhältnis zweier Verhältnisse），一种为类比关系（analogia），一种为比例关系（Proportion），类比关系与比例关系之间的关系。在灵魂中，未来总量的消减，反过来与过去总量的加此消彼长。毕达哥拉斯的原数“二”，在这里其“势”倍增为（potenziert sich）为两种“一中之二”关系之间的“一中之二”；而通过“现在”之虚无成倍增加的二重性就是时间。对古典时间理解中的毕达哥拉斯主义的发展，为时间的可度量性提供了理论根据。与文章开头提到的对奥古斯丁的解读完全相反，正是奥古斯丁将毕达哥拉斯主义发展到了极致。

第二讲

关于时间和永恒[①]的古代形而上学

（靳希平 译）

在我们今天能见到的有关哲学和科学的最早的古代文献中，就已经直接提到了时间——*chrónos*，那就是米利都的阿那克西曼德（公元前600年）的名言。这个句子中涉及的是有规律的秩序，它统治着“生成变化”，统治着世界事件的发生。在这里，时间扮演着法官的角色，它维护着这个秩序的遵守（Einhal tung）。两百年后，时间与秩序之间的这种密切联系又一次出现在柏拉图的晚期对话《蒂迈欧篇》中，那里包含着对时间的第一个哲学定义。在这个定义中，时间被规定为“永恒的映像”（Abbild）。自此之后，从古代到中世纪，时间与永

① 这里及后文中，“永恒”均为名词，比如“永恒的映像”“永恒的思想”“永恒的定义”等，其中的“永恒”，均为“的”后面的名词所指内容的对象。因为，比如“永恒的映像”，可以理解为“该像映出的是永恒的影子”，这是文中所引柏拉图时间定义的原意；但是，此话也可以被理解为“映像是永恒的”。因笔译者想不出其他更好的避免歧义的表达方式，只好注出，一方面为提醒读者，另一方面更为了求得专家的指教。——译者注

恒的两极对立，就构成了至少是古代和中世纪欧洲人讨论时间问题的主旋律。

要使人们注意到时间，注意到时间的存在，并不需要哲学。但“永恒”（Ewigkeit）的情况则不同。要描述时间，柏拉图可以使用古希腊日常语言中用来指称时间的名词*chrónos*，但希腊语中的*aión*，即被我们译为永恒的“*aión*”的情况则相反。尽管在哲学出现之前，*aión*已经出现在希腊语中，但是，那个自柏拉图之后我们所理解的“永恒”的含义，并没有在希腊语的日常使用中出现过。在古希腊语中，本来没有“永恒”这个词，“永恒”是柏拉图借用*aión*这个词来表达他自己的思想。因为在日常生活中，古希腊人并未碰到或想到过这类思想。所以“永恒”这种东西，原本古希腊语中是没有的。第一次把永恒这一思想引入到哲学中的是柏拉图。

由于永恒这一思想原本就不是源于哲学之外的生活，不是源于古希腊人生活中的语言，所以，当西方人的生活中有两千年之久的“关于永恒”的思想失去其重要意义之后，“关于永恒”的思想便有可能丧失其生命力；而这，当然和19世纪以来西方大众当中基督教信仰的影响日益减退有直接关系。因为恰恰是基督教，关于永恒的思想在西方传统中保持着生命力。如果我们想重新开始，并且大胆放手思考时间问题，就应该首先回头对这一传统作一番批判性思考并且在哲学上提出问题，即为什么对柏拉图来说，把永恒引入哲学是有意义的。毫无疑问，他这样做是为了更好地理解时间，因为他在《蒂迈欧篇》

中把时间解释为永恒的图像。

如果我们从这个对时间的第一个解读开始，我们马上会注意到柏拉图把这个作为永恒的图像的时间叫作“运动着的”（Bewegung）。运动，*kinesis*，在希腊语中不仅指称位置的改变，而且还指事物发生的所有方式。只要是发生了的事物，它就不会凝固不变，不会停在静止之中，所以在这个意义上，它是运动着的。很显然，时间与运动相关。在日常生活中，我们看时间的方式就可以说明这一点。在日常生活中，我们是如何辨出时间的？我们看手表。在传统的手表上，手表总是有指针，指针总是运动的。近几十年来，数码钟表的技术早已成熟，已经能批量生产。钟表工业的人们曾一度相信，在西方，带显示器的数码钟表将会完全取代带指针的钟表，钟表时间完全可以通过数字来显示。今天，当然有大量的数码钟表，但很多戴手表的人并没有用数码表取代指针表。为什么？因为我们大多数人还是想从这个机械装置上，从运动着的指针上读出时间。从只显示数字的数码表上读出时间，总给人一种不太自然的感觉，因为时间属于运动。

即使时间与运动之间存在着内在的关联，但是我们仍然不清楚，这种关联是什么类型的。亚里士多德，这位柏拉图的最伟大的学生，在《物理学》第四卷提出了下述看法：时间本身是不运动的，只有同运动联系在一起，才会出现时间[①]。这是因

① 参见亚里士多德：《物理学》，219b2。

为，只有在运动中才能读出时间的数。在亚里士多德看来，说时间本身是某种运动着的东西是十分荒谬的。因为数是某种不运动的东西。正是在这个意义上，亚里士多德才在时间的定义中说：时间只存在于（an）某种运动之中，比如存在于钟表指针的运动之中。

这个断言的基础是：运动是分阶段的。比如我前几天乘坐的一架从德国飞往中国的飞机，它在空中进行了位置移动，经过一系列阶段——这些阶段是由国家或者城市标识出来的——我可以在飞机上向下依次看到这些国家和城市。这些阶段是可以计数的，当飞机经过波兰的时候，波兰是我们飞经的第三个国家。我的钟表指针以类似的方式运动着，向我报着时间：在过多少分钟之后，我们的讲座要休息一下。在亚里士多德看来，按照运动阶段的先后去计数时间的可能性，这本身就是我们经历时间的方式。因此，亚里士多德在时间的定义中说，时间是“运动[①]的数”。

在这个定义中，在时间被规定为“数”（*arithmós*）的时候，这里所讲的“数”并不是一个抽象的、思想性的单位，即不是我们用来数数的单位，比如“4”和“5”；而是指在某东西上被计数出来的东西，是某种东西的量，比如“四阶楼梯”“五大洲”等。就像在楼梯上，我们可以数出台阶的数目一样，在这个意义上，时间是“在”（an）运动阶段连续系列上，可以计量

① 此处的“运动”也是名词。——译者注

出来的运动的量。在某种运动上，计量它的阶段时，数出来的数，这个数是阶段的数目，这个数也就是时间。亚里士多德的这个著名的时间定义，在后来的西方哲学思想中成了不言自明的东西，以至于在解释古希腊人对时间的哲学理解时几乎没有人提及。在时间与运动的关系方面，柏拉图与亚里士多德的看法完全不同。

在《蒂迈欧篇》中，关于时间与运动的关系上，柏拉图的看法比亚里士多德在本质上更加彻底。柏拉图认为，时间本身就是某种运动着的东西，是一种发生进程（Gaschehen），是生成进程。[①]柏拉图对这一思想的论证，与该对话中讲述的一个哲学神话联系在一起。这个神话讲的是创造世界，创造*kósmos*（秩序，良序）的故事：我们人生活在其中的世界，是由一个富有神力的“创世工匠”（Demiurgen）创造的。建筑师或者制造某种东西的工匠总是需要某种图纸，以便在建造或者制造的过程中按图行事。像工匠一样，创世工匠在创世时也需要一个建筑图样（paradeigmata），这个图样就是理念，也就是柏拉图中期对话中常常讲的那个理念。对创世工匠这位“神”（*Baumeister-Gott*，建筑师–神）来说，这个理念就是世界的样板、原图和模型，同时也意味着，世界中发生的一切都是理念的图像。

图像作为图像，就其意义所能承担的事来看，它不具有存

① 柏拉图：《蒂迈歌篇》，37d5。

在（sein）。它的意义在于，指示出图像中所描摹的是什么。一般情况下，针对图像所描摹的内容，我们会说：据报道，它是（sei），它具有存在[①]。图像本身的意义在于，它指示着实存（Seiendes），因此本身不具有存在。指示只是一个发生的事件。我们这里的世界就是这样存在的（existiert），因为我们的世界只是图像而已，只是发生进程。作为发生进程的世界，是通过可变性、运动等概念来标识的；与此相反，“理念-样板”则是通过不运动来标识的。所以，人们只有对“理念-样板”说，它们存在（sind[②]）。按《蒂迈欧篇》中的极端表述，对于世界事件的发生，我们根本不能说它们存在，只能说，它们在生成变化（werden）[③]。

时间是世界的组成元素，甚至是世界的基本组成元素，因为世界的秩序首先是以时间为基础的。如果时间属于由创世之神创造的东西，即映像性的东西、生成变化式的东西，那么时间的存在方式就不可能具有恒定性的特征。恒定性是用来标识理念的概念。时间的存在方式（Existenzweise）不是存在（das Sein），而是生成变化（das Werden）。在德语中，我们的想法与柏拉图一样，我们只说“时间之流”。作为流水般的东西，

---

① Sei和besitze是德文动词Sein和besitzen的第一虚拟式，表示客观报道，并没有肯定其存在，也没有否定其存在。中文只有加上“据报道”，以表达第一虚拟式的含义。——译者注

② sind是sein的第三人称复数现在时，直译为“它们是”。——译者注

③ 柏拉图：《蒂迈欧篇》，27d5–6。

生成变化的东西，时间是其他某个自身不运动的、具有存在的原初之相（理念）的变动的图像。这个原初之相就是永恒性那个*aión*。与时间相比，它的区别在于它保着存在。

在哲学出现之前的希腊语中，*aión*这个词总是同生活相关，与生命力和生命的长久有关。所以，当*aión*在哲学中出现的时候，它便同生命相关，最早出现这个词的也是最重要的哲学文献就已经证明了这一点——在赫拉克利特失传的著作的残篇中，我们读到下列句子：“*aión*是一个玩耍的、玩儿棋的儿童，儿童掌握着对王的统制权。”[①]当柏拉图在《蒂迈欧篇》中使用*aión*一词时，他把*aión*理解为**永恒的生命**。由于该词同生命有这种内在联系，在古代和中世纪成为经典的对永恒的定义中，生活——拉丁文是*vita*——一直扮演着决定性的角色。公元6世纪，拉文纳的波伊提乌对永恒的定义就是一例，这一点后面再谈。

是柏拉图把永恒性引入哲学的，这里的永恒性是活力（Lebendigkeit）的形式，是诸理念构成的整个领域活力的形式。我们这个世界的活力方式是时间。我们生活在其中的世界是活生生的，标识这个世界的运动性的原因就在于，尽管发生的个别时间是可以消失的，但它对理念的分享是不断更新的。世界的活力形式（Die Lebendigkeitsweise），即时间，生存着（existiert），因为时间发生着，时间流逝着，向前走着。因

---

① 迪尔斯/克兰茨：《前苏格拉底哲学残篇》，22B52。

此，柏拉图让蒂迈欧在对时间进行规定时不仅要说时间是*aión*的图像，而且还说是“*aión*不断前进着的图像”。因为时间就是不断前进着，也就是不断生成变化着。但是，生成变化意味着穿过不同阶段构成多样性的进程，所以，通过排除这类多样性，柏拉图把永恒与时间区别开：“永恒（*aión*）”“固守”“于一”。这就是说，永恒处在排除了多样性的单一中。[①]所以时间的完整定义是：时间是“固守于一中的*aión*，按照数而不断前进着的、*aión*性的图像”。

因为时间是向前迈进的，就像这里说的，是依“数”（*kat'arithmón*）前进的，所以，时间能为世界提供基础性的秩序，这在阿那克西曼德那里就已经如此。可见，在亚里士多德之前，在他的老师柏拉图那里，时间与数就已经联系在一起了。在时间的秩序中，在按照数的前进中，“理念–原相”（Ideen-Urbilder）显露出来，而它的活力的形式就是*aión*。在蒂迈欧看来，时间就是这个意义上的*aión*的*aión*性的图像。只要我们的世界发生的事件让“理念–样板”（Ideen-Vorbilder）显露出来，那么就如柏拉图所说的那样，世界的这些事件就有了这些样板，它们同理念的关系就是分有（*méthexis*）关系。通过时间性的秩序，我们的世界分有了理念领域的活力。

由于“永恒（*aión*）”“固守于一”，所以，它把自己与时间区别开来，时间的存在方式是生成变化。与永恒性相比，

---

① 参见柏拉图：《蒂迈欧篇》，37d6。

时间缺乏存在。与他的老师柏拉图相反，亚里士多德决定将存在判给时间，并且提出了与柏拉图完全不同的问题："什么是时间？"这种提问形式，询问"什么"的问题，就是指向"是"（ist[①]）和指向存在（ein Sein）的问题。因为，询问"什么"的问题的答案本身就是定义。一个定义是对那"是某某"的一个圈定。时间是"按照早晚而作的运动的数目"。如果我们把柏拉图《蒂迈欧篇》中的时间规定也叫做定义的话，那么柏拉图这个定义从根本上说并非划时代（anachronistisch）的定义。因为从亚里士多德开始，才有了严格意义上的定义，即才有了对"是什么"的圈定。因为对柏拉图而言，时间并**不存在**[②]，只**生成变化**（wird）。所以，柏拉图不可能对时间加以定义。第一个明确地对时间下的定义，首先见于亚里士多德的《物理学》："时间是依早和晚而动的运动的数。"古希腊语原文是"*arithmós kinéseos katá to hýsteron kai próteron*"。

如果将这个定义同柏拉图的时间定义相比较，尽管它和柏拉图的定义一样，也包含了数，但引人注目的不仅是这个定义中的数指示着顺带想到的非运动性（这种非运动性恰恰是作为数的时间所指向的，并因此与柏拉图的定义相区别开来），而且还因为亚里士多德的定义中出现了像"依早与晚"这样的表述。在日常生活中，早与晚的关系也属于我们对时间的理解，

---

① 等于英文的is。——译者注

② 原文此处为"Nicht ist"，也可译为"并不是"。——译者注

但是在柏拉图那里并非如此。为什么柏拉图没有把早与晚的关系当作论题加以讨论？亚里士多德讲早与晚的关系，是因为从一个运动的阶段构成的序列中，可以读出一个由现在组成的序列，这个序列正是按早、晚构成它的秩序的：这个“现在”处在与所有其他的曾是的“现在”，以及即将“到来”的“现在”的关系之中，即早与晚的关系之中。

从语法的概念来说，在其前后相继中，“现在”构成“时间等级（时态）”（Zeitstufen），时间等级（时态）就是过去、现在或将来，时间等级（时态）就是处于早和晚的关系中的时间段落。在当代语法学中，人们将时态与时间的“体”（Aspekte）区别开来。在某些语言中，当表述一个事件的发生时，句子并不构成语法上的形式性区别，即不通过形式变化来表示动词的时态，如过去、将来或现在等。在这类语言中，时态可以通过一些附加的词来表达，比如“今天”“明天”“昨天”“下一年”等等。这些语言经常使动词发生变化，以便使不同的“体”能够表达出来。如我们已经看到的，按照柏拉图的观点，时间是一种发生进程。这种“体”（看事物的角度）是一种精神的“视角”，它可以把时间看作一个发生的进程。我们经历的“时间流”就体现了这种时间的形式。

在《蒂迈欧篇》中，柏拉图第一次谈到时间的体（视角）。*Aspekt*这个源于拉丁文的词，原本就是对古希腊文 *eîdos*（理念）的翻译。柏拉图谈到时间的规定时，使用的是这个词的复数形式*eíde*。这里涉及的是在日常生活中为人熟知的东西。

在德语中，讲到时间时，我们可以说时间“逝去”（vergeht）了。但这里我们谈及的不单单是过去，而是向过去的过渡，是向过去的流逝、消失而去的发生进程，是离去，是作为一种向过去沉没的发生进程。相应的，我们也可以关注与上述流逝的方向相反的方向，即我们称为时间的向前迈进，标识着新东西的“到来”与前进式的发生进程，是更新的发生进程。

我们经历时间总是将时间作为一种过渡性来经历，它总是有两个相反的伸展方向。当然，时间还有许多其他的体（视角），许多民族的语言在这方面拥有很丰富的表达方式，这是因为在具体经历中，这两种过渡性的方式可以有许多不同的差别。在这里，牢记时间的发生进程的两个基本视角就够了，即“到来”和“离去”，它们是时间进程中其他许多可能视角的前提。我在这里只想提及这两种基本形式，以便表明在这两种形式中，时间是如何从根本上作为运动，作为一种发生进程而进行的。

“时间（河）流”的比喻间接地说明了过渡的双重伸展方向，因为在河流中，任何一个位置都是水的流来与逝去的统一。“时间之步伐”总是到来与离去，这两者总是互补的。从内容上来说，时间的运动性只有用两种方式来表达，它的过渡性为我们提供了双重“视角”。作为发生进程的时间可以以两种形式展现在我们面前。我们可以拿同一只碗的拱弧进行比较：当拱弧显现在观察者面前时，从里面看拱弧，它是凹形的；从外面看拱弧，它是凸形的。我们观察时间时，也可以从两个不同的视角来“看”。

但是，时间的运动性，它的过渡性与它的两张面孔——“到来”与“离去”，通过什么途径变成了无运动的永恒（*aión*）的图像呢？对碗的拱弧进行比较，将有助于我们理解这个问题。一个碗的凸形和凹形，不是两个不同的拱弧，而只是同一个拱弧的两种不同的显现形式。它并不是像两张纸粘在一起，由凸形与凹形按某种方式组合而成的。拱弧是一个**唯一**的现象。与此相似，到来与离去也是同一个过渡性的两个不同的视角。因此，尽管时间是过渡性的运动，它仍然可以是永恒的（*aionhaft*）。

我们已经看到，永恒“固守于一”的和排斥多样性的活力特征（Lebendigkeitscharakter）。永恒在人世间的图像，即时间与永恒的区别在于：时间有多样性。柏拉图让蒂迈欧在时间之后谈论时间的多样性。但是，此处涉及的是两种不同的多样性。时间的多样性同下述情况是分不开的：时间属于不断生成变化者，即某种东西存在（existiert），是发生进程本身。发生进程就是广义上的运动。运动就是发生进程，是某东西变成了另外的东西，然后又变成了别的东西，等等。这个别的东西就意味着多样性。

首先被我们关注到的时间多样性，是时间的组成部分的多样性。时间的每一个部分，也就是每一个时间段，与它前面过去了的时间段相比，以及与跟随它而来的时间段相比，都是另外一个不同的时间段。所以，蒂迈欧首先谈到的是时间的部分的多样性，希腊语叫*mére*的多样性。他指的是日常生活中人们所熟知的东西，即有规律的、不断重复的时间段。这就是他紧接着在这句话前面说的那个句子的意思：日日、夜夜、月月、年年。只要时间是由这些部分组成的，时间就毫无疑问具有多样性。但是还有另外一种时间的多样性也在该段叙述中被提到，柏拉图认为时间指示了两种互补的视角：多样性属于时间的复数，从视角（体）来看，用语法学上的语言来说，这是双数，时间的*eíde*（视角）是成对的。这是柏拉图作出的区别：把希腊语的*ên*，即“过去是”（es war），与希腊语的*éstai*，即“将来是”（es wird sein），对立起来了①。

尽管柏拉图把时间的两个视角（体）——“过去是”和“将来是”——与组成时间的部分，即时间的阶段区分开了，我们仍可以用这个区分给出在现在的序列中可数的位置，给出时态（时间等级）。然而，在研究柏拉图的学术传统中，人们却忽略了柏拉图作出的的这种区分，总是不加讨论地把柏拉图这里所说的“过去是”与“将来是”，看作指称过去与将来的两个时态（时间等级）。这种传统解释中的严重错误，直到1974年才被德国哲学家格诺特·伯梅（Gernot Boehme）发现。尽管“过去是”“将来是”与上述时态（时间等级）有某种关系，但是它们并不直接指称这种时态（时间等级）本身，即并不意指那种已经出现了的、静止的过去和尚待出现的、静止的

① 柏拉图：《蒂迈欧篇》，37e3。

将来。时间的两个视角（体）的两种表达，恰好用语言表示出了“过去”和“将来”在发生进程中的运动性。它们以消逝为目标，通过消逝构成了过去；而在其出现时，在变化生成中以“将来走向我们”为目标，构成了将来。“过去是”指的是时间的发生进程滑向过去；“将来是”指的是时间发生的同一进程，是未来走向我们的同一进程。

“将来是”这个用法并不一定就是指尚在我们前面的时间段，这个意义上的将来，它也可以指从未来抵达我们（Ankommen）的将来，这在法语中可以找到十分恰当的表达。因为在法语中有两个未来的概念，一个是futur，一个是avenir。futur指作为固定方向的未来，是时间的一段或者一部分，它还在我们前面，这恰恰不是柏拉图用“将来是”想说的那个未来。相反，Avenir是作为“到来”理解的未来，即向我们走来，走向我们这里的运动。这正是柏拉图用“将来是”所要说的。动词a-venir，字面上的意思就是“到–来”，这是从拉丁语*advenire*变化来的，它的名词形式就是*adventus*，我们译为“到达”。作为“到达”，作为*avenir*来经历的未来，在基督教中后来变成了*adventus*（到达）的确定时间，即庆贺耶稣降临的时刻。这就是“到达”的时间，即未来的，但在到达性中已经走到“当下”的获得救赎的时刻。

假如柏拉图用“过去是”和“将来是”指称过去与将来，把它们看作由“现在”（Gegenwart）分开的，在时间上两个静止的，一个在前一个在后的阶段的话，那么古希腊语早已为柏拉图准备好了相应的语言表达方式，他可以像现代人一样将它们称为“过去”和“将来”。此外，我们也会感到奇怪，在谈到处在“现在”的一前一后的时间的两个巨大组成部分的时候，柏拉图为什么没有提及“现在”？在柏拉图的文本中，对时间进行规定之后，在历数时间的体（视角）的句子中，恰恰没有出现“现在”。在这里，我们遇到对我们的进一步思考有着决定性意义的指示。在这些讨论中，柏拉图明确排除了用“es ist”来指称属于时间的体（视角）的可能性。

与“过去是”“将来是”不同，“es ist”着眼于“现在”。因为，当下发生的“现在”就在这儿，当下在场，恰恰就是我们说“es ist”时所表达的内容。柏拉图不能允许“es ist”进入时间。所以，在柏拉图上述的观点中，没有出现“当下”，也就是“现在”这个时间维度。这绝非偶然。时间的实际存有（die Existenz）并没有作为存在（als Sein）而发生；时间实际存有时只是发生了运动，发生了过渡，发生的是柏拉图用“过去是”和“将来是”表达过渡的两种意义的统一。

柏拉图坚持认为，在时间上，没有es ist，即没有“当下”的视角。这个视角只能留给*aión*，留给永恒；永恒就是由“固守于一”的“当下”所构成的。这样永恒也就为我们提供了一个视角，一个*eidos*。*eidos*是用“es ist”表达出来的、永恒的当下性，即理念的当下性。柏拉图用*idéa*一词指称永恒的同时，还用在语言发展史上与*idéa*有密切亲缘关系的*eidos*来指称它。理念当下的视角与感性世界中时间的生成变化形成公开的对立，时间的生成变化是由两个互补的视角表示出来的。

对柏拉图而言，永恒就意味着“当下”；它构成了那个可以“是（存在）”的东西的活力形式（Lebendigkeitsweise），即理念活力形式。除此之外，没有什么其他的“当下”。因为我们这个世俗世界总是在**生成变化**，它的活力形式恰恰缺乏“当下”。这是由于这个世界的活力形式恰恰是由过渡性构成的，而过渡性是由“过去是”和“将来是”间的歧义性构成的，除此之外，它什么都不是。时间的运动性从来不可能提供“es ist”，只能处于“到来”和“离去”的双重视角中，这就是时间出现的形式。今天十分流行的假说是时间分为过去、现在、将来三种形式，但是时间的运动并不表现为这三种形式，它只指示出“到来”和“离去”这两种时间视角。

*aión*的某个“当下”，它的“固守于一”以摹写（影像）的方式显现在我们运动的世界中，它显现并不给我们这个世界提供“当下”，不为世界提供“es ist”，而是提供一种“现在”的形式。“当下”在我们的世界中显现的方式是过渡性，它是时间的发生进程。但这个过渡性是**同一个**过渡性。“到来”和“离去”作为两个视角，是**同一个**过渡性的发生，而且作为过渡的属性的“到来”与“离去”只能在思想中出现。内容上，“到来”与“离去”是不可分割的“一”，就像一只碗的拱弧的凸凹一样，谁也离不开谁。“到来”与“离去”这对形式只是同一个拱弧向我们显现的不同形式而已。作为缺乏“当下”和缺乏存在（sein）的时间，它通过深

渊（Abgrund）把自己与永恒*aión*的存在区别开来。时间只具备纯粹的过渡性，但恰恰是这种过渡的运动性，在体上（视角上）“是一”（Einssein），于是它便占有了同一的性质（Einheitscharakter）。这个性质赋予了时间一种完备性，借助这种完备性，时间才成了永恒的永恒性图像。在柏拉图的思想中，时间的不完备性（即它与永恒之间隔着一个深渊般的距离）与它的完备性牢不可破地被放在一起。

柏拉图关于时间的思考是十分极端的，他不承认时间有“当下”和存在。亚里士多德越过柏拉图的这种极端观点，他公然针对柏拉图，声称我们用五官感知到的世界到处受到运动的统治，而这个运动恰恰以此为形式，**是**（sein）这个世界本己存在的方式。世界的存在（das Sein）就**在于**（besteht in）运动性。以这一基本论题为基础，才有可能理解亚里士多德对时间的定义。时间之所以是可定义的，就是因为时间**是**（ist，**存在**），而时间之所以**是**（ist）归功于下列状况：时间**是**某种在运动着的东西，而这个东西恰恰构成了我们的世界。因此我们对感性世界的基本经验是：我们总是经历世界的“es ist”。运动着的届时的实存，作为在场者，作为“当下”存在的东西，总是同我们相遇。这使得我们有权力在每一时刻说“现在”。而这对亚里士多德而言总是“现在”，总是有当下的发生进程构成了我们对时间的意识。对他来说，时间经验从根本上是对现在的经验。从根本上来说，我们知道时间，是因为我们总是可以说“现在”。

由于亚里士多德把早、晚纳入了时间定义，他就一定会处于早与晚之间，即把早与晚相互连在一起，同时又把它们相互分割开，只对“现在”感兴趣。比如在西方，12月31日与1月1日之间零点的那个瞬间，那个“现在”，它处于前一年的结束与后一年的开始之间，而两者恰恰都是以此“现在”结束和开始的。

这样理解的“现在”就具有了一种边界的特征。边界，比如两个国家的空间边界，既是两国的连接，又是两国的分离。我们称之为“现在”“此瞬间”“今天”等的边界，与空间的边界显然不同。空间的边界是静止的，我们可以在地图上看到它们；而时间的边界是一种特殊的边界，它是流动的，是不断推移变化的。当我说“现在”时，我所意指的那个“现在”已经滑到过去了。如果我想把“现在”固定下来，我总是来得太晚。作为瞬间的“现在”这个瞬间，总是由“将来”这个时间段过渡到“过去”这个时间段的一节时段，它不会让你将其固定下来，它就是流动的。

“现在”是一个边界，但是它是一个不能完成其边界的任务，因为它不能被固定下来，这也是“现在”没有在柏拉图那里露面的原因。如果谈论“现在”，我们就要被迫使用“ist”这个词。但是它的使用会产生这样的假象：“现在”好像是一个固定东西的边界，也就是说，似乎存在一个像放在眼前的东西那样的一个稳固的“当下”。所以柏拉图认为，更现实的做法应该是只从“过去是”和“将来是”这两个运动的视角去谈论时间，而不要去触及它们之间的其他东西，它们与可固定的、可以实存的“现在”毫无关系。此外，作为柏拉图的优秀学生，亚里士多德并没有无视柏拉图的这一看法。在亚里士多德的分析中，他把“现在”作为边界，因为“现在”总是在起作用，我们可以把时间分为“过去”和“将来”两大部分，而“现在”作为边界，使我们得以实施这种划分。尽管如此，亚里士多德还是清楚地看到，由于“现在”这个边界的流动性，我们无法用“ist”来构成关于“现在”的句子。所以，亚里士多德在对时间进行定义时，把“现在”看作边界，但是于定义本身，“现在”并没有露面。

亚里士多德以“现在”为方向讨论时间问题，后来古典哲学也一直坚持这个讨论方向，在奥古斯丁在《忏悔录》第11卷中对时间进行了著名的分析之前都是如此。奥古斯丁的这一分析后来闻名于世，构成了中世纪理解时间与永恒的关系的基础。奥古斯丁和整个中世纪哲学都接受了下述柏拉图的思想：永恒的基本特征是“现在”，是一种“固守于一”的当下；但同时，中世纪的哲学家们又坚持了亚里士多德讨论时间的基本方向：在谈论时间时总是联系到谈论“现在”。于是中世纪的人们忘了，在谈论世俗世界时，柏拉图不允许讲“现在”。于是在中世纪，便出现了把拉丁文的现在（*nunc*）看作时间与永恒间的联系的看法。生命力的两种方式，都是靠与“现在”相关的区别才得以相互比较。因为在世俗世界中，“现在”随时在滑向过去，在流逝，所以，中世纪的思想家把这种“当下”

称之为“流动的现在”（nunc fluens），并与“永恒性的现在”相对立；永恒则由于它的固守性，而被看作矗立着的“停下来的现在”（nunce stans）。

对柏拉图而言，根本没有“流动的现在”，只有时间的过渡性。过渡性就是“过去是”和“将来是”这一对视角提供的。在这种表述中，我们可以发现，我们人在我们的世俗世界中并没有固定的，即可以存续的“当下”，没有眼前可以占有的在场性，没有可以对其说“es ist”的“当下”。我们只能将自己交给生成变化：从“到来”和“离去”这个视角来看生成变化。对稳定的“当下”的占有，是永恒的特征。这一思想在古典时期的最后阶段，又一次被波伊提乌在他的《哲学的慰藉》一书中提及。他提出的关于永恒的定义（见《哲学的慰藉》第五卷，第六篇散文），对整个中世纪哲学都有指导性的意义。他写道：永恒就是对无限的生命完整且完备的占有（*aeternitas igitur est indeterminabilis vitae tota simul et perfecta possessio*）。这里出现了生命（*vita*）这一概念并非偶然，因为永恒就像我们已经指出的，在古希腊，在柏拉图那里，就是用来指称生命力（活力）的形式的。与时间的双重视角构成的过渡性——它阻碍我们在这个世界中任何稳定地占有——相比，永恒意味着对生命不受限制地占有。

柏拉图的观点被亚里士多德的下述观点所反对：亚里士多德把时间的经验等同于对“现在”的经验，并且通过“现在”的经验而区别出停滞的现在与流动的现在（*nunc stans und nunc fluens*）。因此，柏拉图所认为的时间不能使我们占有“当下”，因为时间中不存在作为现在的、“当下”的这种视角，但这在中世纪被遗忘了。哲学家没有勇气坚持柏拉图的彻底性。相应的，这些哲学家也不清楚，时间并不是由“当下”的视角提供的，“现在”作为过渡的时间，是由相互补偿的“到来”与“离去”这一对视角提供的。

关于时间与永恒的两极对立的形而上学的最后阶段，我们重新赢得了在柏拉图那里见到的观点。在关于时间的哲学讨论中，我们又获得了柏拉图一开始就有的那种冷静与清晰，它重新承认，时间并不是由可供占有的“当下”这一视角提供的。但是这并不意味着我们应回归柏拉图的时间观——连柏拉图自己有时也想回避他关于“时间中不带当下”的这一思想所带来的最终结论。因为柏拉图最后还是允许“当下”的视角进入他的思考，但不是为时间的缘故，而是为“永恒”这个原初理念引入了“当下”，使“永恒”作为影像在时间中彰显着自己。

柏拉图假定，时间必须有一个原初的理念，它可以提供一个“当下”的视角，因为柏拉图也不能无视下述观察：在我们与时间的交往中，我们不可避免地会使用“现在”或“今天”这样用来指称“当下”的词汇。这些词汇肯定会衍生出这样的观点：时间可以为我们提供“当下”的视角。这一观察后来成了他的学生亚里士多德对时间分析的基础。于是柏拉图就面临一个任务：去解释“当下”这种假象性的视角的不可避免性。为了完成这一任务，他求助于一个假设，即一种本体论的基本假定（*hypóthesis*）：在时间非真的“当下”视角的假象中，存在着原初理念性的生命力（活力）形式，它在“当下”的视角中显示着自己。

通过“现在”“当下”的经验对时间的思考所引出的任务的解决方案，这虽然不能作为形而上学的诞生，但是如认真观察的话，就像亚里士多德已经看到的那样，根本不是解决方案。所以亚里士多德认为，解决这个问题的出路只能是与柏拉图对立，在时间的讨论中，允许把“现在”作为最基本的意义接受下来。但是这样，亚里士多德便放弃了他的老师看法的彻底性，把后来的全部哲学都置于对“现在”的经验解释的道路之上，阻碍了对这一经验的解释的彻底性。今天我们对这种解释必须提出两个问题：第一，柏拉图如何会去假设时间的原初理念有当下性的特征？我们能为柏拉图的假设找到一种解释吗？如果可以，这个假定便失去了形而上学所具有的理所当然性，也就开拓了其他的可能性，也就提供了可供人们选择的其他解决方案。

第二个问题是，与柏拉图相对立，对那种不可避免的、假象性的经验，即时间为我们提供了“当下”的视角，我们是否有其他的途径来解释说明？不用知道这些新解释的内容是什么，我就可以推断：通过他的解释，柏拉图最后还是回避了我们生命的彻底无占有性这个问题。因为他承认，时间不能保证我们占有“当下”的视角，但是他却找到了这种占有，而且是一种无可比拟的完备的占有，这就是*aión*的永恒的“当下”的占有。这种占有的矛盾性，就是我们的处境。从一开始，这种占有就对我们隐瞒不报，我们可以用晚期海德格尔哲学的核心词“Entzug”（抽离）来指称这一状况。从“当下”每时的占有的抽离出发，有可能在思想上解释这种不可避免的，但又是假象性的、属于时间的，对“当下”的视角的经验吗？这是一个形而上学没有提出过的问题。

在下一讲中，我将就胡塞尔和海德格尔的现象学对这一问题的解决的可能性作概述，并尝试着就此对这个问题进行回答。

第三讲

胡塞尔和海德格尔的本己时间

（靳希平 译）

在下面的思考中，我先对上次讲座提出的问题进行具体勾画，以便使这个问题成为可应答的问题。为此，我将采用一种新的思维方式，这种思维方式是现象学在20世纪开辟的。自从胡塞尔为这一新的思维形式开拓了道路，并由海德格尔第一次将它彻底加以改造之后，时间就一直处在这种思维方式的中心位置。我的思考以海德格尔晚期讲演的《时间与存在》为基础，其中蕴含了他在1962年发展出来的思想。在我看来，今天我们仍然没有弄清楚这一思想的重要作用。我也将联系胡塞尔的思想。胡塞尔关于时间现象学的理念是于1917年由埃迪特·施泰因（Edith Stein）单独整理成文的，由海德格尔编辑，以《内时间意识现象学》为书名于1928年正式出版。长久以来，这本书是关于胡塞尔时间现象学的唯一文献。但最近我们的处境好多了，随着2001年《胡塞尔全集》第32卷的出版，我们可以看到其在1917至1918年间讨论时间问题的“贝尔瑙手稿”。

人们可以把现象学看成一种追求原初经验的哲学，与这种追求相应，胡塞尔和海德格尔的时间理论有一个共同的基础：他们都认为，有一种原初被经验的时间，它与我们日常生活中所经验的，在哲学之外人们早已熟知的时间并不相同，甚至对立。海德格尔在《时间与存在》一文中将其称为“本己时间”（Eigentliche Zeit），其意思是，按其原初的占有中所显现的样子来理解的时间。海德格尔这里用eigenlich（本己）这个词是要强调，让事物按其本来的样子显现出来，它是如何在原初形态上是eigen的，也就是“是它自己的”，而这个事物恰恰构成了西方现象学讨论中的本质性领域的东西。形容词“本己”在海德格尔1927年出版的重要代表作《存在与时间》中已经具有重要意义。但该书所涉及的基本“事物”（die Sache）就是人的生存此在（Dasein）。“本己”是指下述这种生存形式：在这种形式中，人生此在“决定”把自己的死亡拿在手里（承担起自己死亡的责任）。在20世纪30年代，海德格尔的思想发生转变后，先前在人生此在的生存论分析中所使用的“本己”这一形容词的意义，已经被海德格尔放弃，但是在《时间与存在》的讲演中，仍然以隐蔽的形式发生着影响。随着我演讲思想的进程，我会谈到这个问题。

无论是在《存在与时间》中还是在《时间与存在》中，“非本己的时间”都在于，时间在我们面前显现为一个“当下”的序列，一个“现在的序列”。这个“现在”是可以在任意事件的阶段的计数中被计数的东西，用亚里士多德的表述，就是可以在运动中被计数的东西。自亚里士多德给时间下定义以来——我在上次的演讲中已经对这一定义作了说明——他的观点就一直统治着关于时间的理论：时间是“现在的序列”，至少在西方文化中是如此。这种时间观被海德格尔在《存在与时间》中称为“对时间的流俗理解”。由于“现在的序列”构成了一种固定的形式，在这种形式中，一切在时间中被定位的对象都是以这种形式与我们见面的。在胡塞尔那里，这种对时间的理解被称作“客观时间”。胡塞尔在《内时间意识现象学》中提出了“内时间意识”（inneres Zeitbewußtsein）的看法，并在尚未发表的20世纪30年代的手稿中提出了“活生生的当下”（die lebendige Gegenwart）的概念，使之与“客观时间”对立。胡塞尔用这种方式来指称，时间是如何以它自己的原初的样子被经历的，因此，我们也可以把本己的时间与非本己的时间用于胡塞尔的思想上，尽管胡塞尔本人没有使用这个概念。

本己的时间不仅仅是，而且涉及的问题应该是能够让我们把我们熟知的时间，即“现在的序列”解释为衍化或派生的时间，尽管这并不是胡塞尔和海德格尔使用的哲学术语，但就事实本身关涉的问题而言，这是他们关注的问题。相应的，时间现象学面临着两个任务：它不仅限于把本己时间的特征搞清楚，而且它还必须指明非本己的时间是如何以本己时间为前提的，或者本己时间是如何使非本己时间成为可能的。在胡塞尔那里，这后一项任务就表现为：他试图指出内时间意识是如何

“构成”客观时间的。尽管胡塞尔与海德格尔之间有各种各样的分歧，但两位哲学家在这一点上是一致的：“当下”被理解为“现在”，非本己的时间的特征正是它把这个“现在序列”归结于下述特征——“现在序列”中较早的“现在”是曾是的“当下”，将来的“现在”是尚被期待中的“当下”。因为这里涉及的是从本己的时间经验出发，对作为“现在序列”的时间来加以解释，所以，两位哲学家的注意力都一定会放在在本己时间的经验中，“当下”起什么样的作用，这也使得他们的思想对我们更有启发性。因为柏拉图与亚里士多德的时间观的差别就在于他们对“当下”的理解不同。而且柏拉图从时间同永恒的关系出发，解释了“当下”的经验，这种解释导致了古典形而上学的诞生。

由于胡塞尔的主要兴趣放在理解“当下”，所以，他的时间现象学的理论主要分析我们届时“当下”的时间意识。通过对我“当下”遇到的对象的感性感知的典型情况的分析，胡塞尔完成了著名的开创性的发现：具体经验到的“现在”并非无延展的边界，而是一个“当下在场域”（Präsenzfeld）。“当下”意识通过前瞻（protention）和后顾（retention）而向外延伸，成为某种宽广度（Breite）。感性感知的“核心”构成了此时经验内容对“当下”的直接把握，这种把握可以被称为“原初印象”或者“原初表象”（Urpräsentation）。但是，“到来”中的最近的未来，“流逝”中的最近的过去，它们构成的场域性的环境一定包含在“原初表象”中。具有这种特性的关于“在场域”的意识，同作为“现在序列”的时间意识的区别，其本质就在于前者本身是**发生进程**，用比喻的方式来讲是“流动”；而后者构成的客观时间，其特征是作为“现在序列”，它有一个固定的、不动的形式。在这种形式中，原初时间的发生进程进入静止状态。迄今为止的时间现象学中，人们都没有注意到作为发生进程的时间与不动的形式的时间之间的对立，实际上这是第一次再现了哲学在时间理解上的巨大分歧，也是我们在第一讲中所讲的，柏拉图与亚里士多德在时间观上的分歧的再现。对亚里士多德而言，时间是数，是**不[被]运动**的；而在《蒂迈欧篇》中，柏拉图把时间解释为**[被]运动着**的永恒性图像。

对柏拉图而言，时间的运动性在于我们在“离去”和“到来”两个相互补充的视角中来经验时间的过渡性，在《蒂迈欧篇》中其表述为“过去是”和“将来是”。在根本不了解这一背景的情况下，胡塞尔用“前瞻意向”和“后顾意向”（Retention und Protention）这个根本的区分——这个区分是他的整个时间现象学的基础——分析的，无非就是上述柏拉图指出的，对时间发生进程的“到来”与“离去”这一对观察视角的原初经验。当然，在关键的地方，胡塞尔的分析偏离了柏拉图的时间观。我们已经看到，在《蒂迈欧篇》中，柏拉图明确地说，除了“离去”和“到来”——翻译成胡塞尔的语言就是前瞻与后顾——之外，根本不可能有第三种观察角度，也就是说不可能用“es ist”这个说法去指称观察角度，即被经验为“现在”的“当下”是不可能用“es ist”来指称的。被经验为发生进程的时间，只为我们提供了上面那一对观察视角。与柏拉图相反，除了前瞻、后顾意向中的完型的原初时间经验之外，胡塞尔又允许把“当下”的核心作为原初印象引进到他的“在场域”的分析中来。

关于这个“现在核”（Jetztkern），胡塞尔十分明确地说，在这里，意识经验到一种原初性的现实，但这里是说，意识经历到了Sein[①]（存在、是）。“Jetzt-Sein（是–现在，现在–存在）是唯一的‘Wirklich-Sein’（现实–存在，是–现实）……。”这是胡塞尔在贝尔瑙第二手稿中原来的表述（见手稿第41页）。这也就是说，胡塞尔把“es ist”也算作时间的一个体（观察角度），这样他便开始同柏拉图的立场根本对立。胡塞尔并没有想到，他的说法追随了亚里士多德的分析路线。按照这条路线，在说“现在”的时候，我们原初地经历到运动着的感性世界的存在（sein，是），经历到这个世界的现实性。时间的发生进程的联系，表现为一对观察视角，通过前瞻和后顾的意向，我们原初地意识到它们，对胡塞尔来说，在这种联系中，它们恰恰属于“现在核”这个中心。正是从“现在核”这个中心出发，本己时间才显现为“在场域”，显现为届时的“活生生的当下”。

让我们从不同的方面来看，为什么胡塞尔关于“在场域”中的原初印象性的“现在核”的假设，从现象学上来看是有问

① 即英文中的Be。——译者注

题的。当我们注意到胡塞尔用这一假设说明边界概念时，这个问题显得最为突出。在亚里士多德对时间的分析中，由于他是以“现在”为走向的，所以边界问题是不可回避的。在“在场域”中，原初印象性的“当下”指的是前瞻与后顾之间的交接点，也就是边界，即一个无延展性的“之间”，一个由“之间”完成的，同时既连接又分割的区分。而在柏拉图的时间观中，边界问题根本没有意义。

胡塞尔的现象学是对原初经验的寻求，它必须不断地提问，问我们所分析的东西是否可以在意识之前就直观地给出。因为经验的原初性特征就是直观自身的给出性（Selbstgegebenheit）。如果我们用这个问题来考察边界——边界指的就是“在场域”内部的、原初印象性的那个“现在核”——我们便会发现，这个边界是无法直观地加以经验的，而只是我们的思想操作进程制造的产品。我们可以用胡塞尔自己在1936年完成，但很晚才出版的《欧洲科学的危机》一书中发展出的思维方式，通过现象学来描述这个操作进程。

通过这个操作进程，我们可以在“在场域”内部，得到非直观地被意识到的那个边界的假定，这里涉及到的是“理念化进程”（Idealisierung）。这个理念化进程可以与数学上的极限相比较，例如我们可以在思想中通过不断地二分，构成一个收敛的数列：1，1/2，1/4，1/8……这个数列可以在思想中无限延伸，最后逼近一个边界。在终点，它总会在某个时间达到一个确定的数，这就是它的极限。因为在实际操作中，我们的数学意识无法达到这个边界（极限）[1]，所以，这个极限不可以像1/4，1/2这些可达到的数那样，向意识直观地给出自身。尽管如此，这个关于边界值的假设是非直观的，它仍然是有意义的。就像胡塞尔在《欧洲科学的危机》一书的附录二中所说的[2]，只要严格按照数列构成的规则去想象，穿过数列连续延伸的全部进程，就可以证明这个极限的存在，达到它的值。

我们可以以同样的方式来达到前瞻和后顾之间的无广延的边界——“在场域”的宽广是通过意识的前瞻和后顾的延伸出现的。如果我把它想象为在一个无穷的前进的思想进程中，不断走向那个愈来愈“狭窄”的“现在”，而且想象这个进程最后达到了终点，这样我们便达到了那个作为边界的“现在”。但是，这只有通过非直观的思想操作才能做到，而现象学分析所要求的恰恰是直观。所以，关于“在场域”中对原初印象性的“现在核”假设的证明，不是靠着直观，而是靠着非直观的思想操作。

这个假设真正的麻烦在于——按胡塞尔的说法——它把直观给定的存在，与非直观的被“思想”出的存在之间的奠基关系颠倒了。就像理念化操作进程的情况一样，思想性的假设可以是清楚易懂的，但是假设要与直观的给定紧密联系，假设必

---

① 这个例子中，数字逼近于0，但达不到0。

② *HUSSERLIANA VI: DIE KRISIS DER EUROPÄISCHEN WISSENSCHAFTEN UND DIE TRANZENDEN TALE PHÄNOMENOLOGIE*, HAAG: MARTINUS NIJHOFF, 1976, Photomechanischer Nachdruck,.

须以直观给定性为出发点。当下在场域-意识或当下域-意识（Präsenzfeld-Bewußtsein），我们直观经验到的是前瞻意向和后顾意向，通过它们我们才意识到这个场域的广度。从这个广度出发，我们才可以通过理念化进程，在思想中使这个广度不断变窄。在这个意义上，对非直观的原初印象性边界的意识是“奠基”在直观的“前瞻-后顾”的意识中的。

但是，胡塞尔把这个奠基关系给倒置了，他把“原初印象”视为在非广延的瞬间中给出的“当下”。正是这种“当下”的视野——我们可以用柏拉图的话说——构成了“在场域”的中心，用原初印象上的“现在”作为“前瞻-后顾”意向之间的边界，将原初时间意识前后的两个延伸区隔开的同时又连接在一起。依据上述看法，前瞻与后顾意向——时间原初经验中的“到来”与“离去”——只构成了“现在”的环境。从原初印象性的“现在中心”出发，前瞻与后顾意向获得了它们的规定，在这个意义上，它们奠基在“现在中心”中。

在贝尔瑙手稿中，胡塞尔首次尝试把原初印象与“前瞻-后顾”意向的关系再次颠倒过来。不是从“现在核-当下”这里出发去解释“前瞻-后顾”意向，而是从前瞻意向与后顾意向的关系出发，来规定“现在核”。这样，我们第一讲中提出的那个在哲学史上可能的任务，在现象学中第一次被提出来并加以完成：对不可回避的但又是假象式的经验，“时间为我们提供了‘当下’的观察视野”，我们做出了与柏拉图不同的解释，在不引入永恒的情况下给出解释。

胡塞尔在用“前瞻–后顾”的相互作用来解释“现在”意识的时候，启用了意向性分析的基本概念——“充实”（Erfüllung）。这个概念使得胡塞尔能够对前瞻的意向做出更深入的分析，而在贝尔瑙手稿之前的文本中，胡塞尔将分析的重点更多地放在后顾意向上，对前瞻意向多少有些忽略。从词根本身就可以看出，intention（意向，在意向中）与protention（前瞻意向）有一个共同的东西，就是都趋向于充实。在任何一个前瞻意向中，人都预期着某种东西，预期着对某个特定“对象”的经验，也就是说这种当下经验的过程的继续或者变化，预期着个别的、意向性地给出的“当下出现的事件”。在这里，意识总是包含内容的“预示性标识”（Vorzeichnungen），以便意识可以通过将来的新的原初印象，与这种内容相遇。所以，意识有了一种新的期待视域。后面接下来的所有经验，都不可能跳出这个视域。一种新的内容，在开始的时候可能会使意识感到十分吃惊，但即便是出乎意料的东西，也只可能**作为**出乎意料的东西被把握。因为它总是与某种“预示性标识”相对应，所以便融合到了期待视域之中。在这个意义上，意向性意识的操作进程必定总是拥有某种充实，总是某种“预示性标识”的兑现。所以胡塞尔在贝尔瑙手稿、我们提到的部分中称，前瞻意向是意识的原初性扩张，是延伸到包含“走来的原初印象中”的充实。

这样理解的前瞻意向总是同后顾意向相互关联，任何前瞻意向都后顾性地在意识中保留下来。它不仅把原初印象的充实储存起来，而且把“对充实进行预期”的前瞻意向也保留了下来。正是以这种形式，在意识的整个时间性扩张中，前瞻意向与后顾意向的进程一起贯穿在整个意识之中。用柏拉图的话来说，这就意味着整个意识流——如届时具体的“在场域”——表现为两个相互补充的观察角度：一方面，在每一个位置上，都有趋向充实的、前瞻的倾向统领着，其充实的具体方式又因届时的现实情况而异；另一方面，在新的重复中，每个业已充实的、后顾性的存留，在不断继续下去。这两个方面构成了一个不可分的统一体。

从这里出发，“在场域”的“现在核”恰如其分地得到了标识。它仍然是前瞻意向与后顾意向的交接点，但这个交接点不再被理解为理念化的产物，而是于“在场域”的发生进程中，可以直观地经验到的一个位置：在这里，届时实际上被前瞻意向中的充实活动（Sich-Erfüllen）转入了充实本身。但这里所使用的德语词Erfuellung（充实）容易误导读者。因为这种转变紧接在“已充实（Sich-Erfüllthaben）”之后，而从一开始，它只有被后顾性保存下来后，这个“已充实”才能出现。然而“充实”这个概念听起来好像一个原初印象性的“现在核”作为“当下”，在沉入“已充实”之前，已经出现在意识之前似的。这样的话，“现在核”好像就变成了一个短暂的占有。这样便误使人们推想：“现在核”构想了一个统领性的媒介点，内在时间意识好像在它这里被分为前瞻意向和后顾意向两种。

为了应对这种假象，如今发展出来的思想中获得了另一种关于“现在核”的视角，这里没有启用对原初印象性的“当下”这种观察角度的假定。这种假定，把原初时间发生进程看作“到来”与“离去”合在一起的中心。但新的“现在核”的规定是以上述阐明的与前瞻意向相关的前提为基础的，这个前提是：意识的生活总是预先以充实为走向，而且，相对于每一个新的原初印象，都有某个前瞻性的被预期的充实与之对应。

首先，这个前提在根本上与海德格尔的想法一致。因为海德格尔在贝尔瑙手稿完成10年以后，他在1927年发表的《存在与时间》中提出了著名的论题：原初和本己时间的基本现象是将来。这里的“将来”应理解为“向我们走来”，就如柏拉图那里的“到来”一样。胡塞尔完全可以赞成海德格尔的这一观点，因为在贝尔瑙手稿中，胡塞尔认为把时间理解为由“现在核”的连续序列构成时，起决定作用的是带有充实倾向的前瞻意向。但是胡塞尔的前提是每个新的原初印象都带有某种对“预示性标识”的充实。这个前提还包含了另外一种含义，这个意义恰恰同海德格尔的立场完全对立。这个隐含的含义是：任何一个成为“在场”（Anwesen）的原初印象性的内容，都包含一种充实；意识所遇到的所有东西，都已经潜在地被期待、被预期，没有任何东西在严格意义上是全新的。这就会遇到一种反对的观点，因为在我们的生活中的确会出现某种全新的东西，某种令我们大吃一惊的东西。在贝尔瑙手稿中——尽管是出现在少许补充说明中——胡塞尔公开承认，会有这类令人大吃一惊的事件发生。但是他假设，即便在这种情况下，仍然有某种前瞻性的东西存在。这就是从被前瞻的“充实活动”向不断重复的“业已充实”的正在“到来”的转化。也就是说，作为极限，一种充实被前瞻地期待着。这种充实的构成无非就是有意向性的、有前瞻意向和后顾意向结构的、生活本身的持续前行。

通过这个假设，胡塞尔便跳过了一个简单问题：如果一种充实只存在于意向性生活的持续中，那么它是可以前瞻地加以“期待”的吗？也就是说，当一个前瞻意向就可能充实的内容而言，在完全空洞的情况下，即完全不带任何意向性内容的“示范性标识”的情况下，这个前瞻意向的存在是可能的吗？任何前瞻意向作为时间意识中意向性的原初形式，指向的都是一个事件的未知内容，这个内容可以在将来变为意向所指的对象。而意向性生活的一般持续，不是这种可以直接作为对象并加以意指的个别事件。它可以被期待，但是这里被期待的东西并不具有对象性的特征。“被期待的东西”就是指世界的持续性，这个世界就是个别事件无穷丰富出现的事件的视域，即将来临的意向性生活可以沿着这些具体的个别事件，以它们为走向。

正如胡塞尔本人强调的，尽管现象学在方法上是建立在与之前哲学的自然立场彻底决裂的基础上的，但是他本人并没有对持续生活的、自然的原初信赖本身加以研究，没有对与生活不可分离的世界视域持续的原初信赖加以研究，并没有用与其相应的、该领域所要求的彻底性对它们加以研究。他把对人类生存的动摇置于不顾，这种动摇恰恰使人类对生存的和生活的世界视域的自明性失去信心。当我们的死亡在情绪（这种情绪在我们生命深处运动着）中引起我们关注的时候，就会出现这种情况。这种深层的情绪包围着我们生活的所有关系，联系着世界视域的整体。

由这种关注到死亡的情绪所唤醒的对生存方式的准备状态，在《存在与时间》中被海德格尔称之为“本己的存在”（eigentliche Existenz）（我在这次讲演的开头曾提到这一点）。在《存在与时间》中，“畏”（die Angst）是一种深层的情绪，它使我们做好了去本己生存的准备。后来，在他的思想的“转向”时期以及“转向”之后，海德格尔还谈到另外一种深层的情绪，并称其为“基础情绪”。因为我们的世界视域的整体都是从这种深层情绪中生发出来的，所以这种情绪不可能指向一种前瞻的“可期待的东西”的未来（或“到来”）。前瞻意向的充实倾向总是关联着世界视域**内部的**、对象上可意向的事件的可能内容。这就意味着在现象学中，如果要对深层情绪以及由此引起的“本己生存”的时间经验进行考察的话，现象学就必须允许并承认另一种未来的可能：这种未来可以彻底使意识大吃一惊，以致胡塞尔的基本论题完全失效。因为胡塞尔认为，从一开始，未来能带给我们的所有东西都已经填充在前瞻意向和充实间的张力之中了。至此我才能断言，的确有上述这类能彻底令意识大吃一惊的情绪存在。我在最后一讲谈希望的时候，会用这种深层情绪来举例子。

如果我们在下述意义上理解海德格尔所说的未来的优先性，即有些深层情绪可以指引我们进行“本己生存”，它可以带来完全另类的、令人大吃一惊的未来，且完全不同于前瞻性的“示范性标识”的未来，那么我们可以猜想，海德格尔晚期文章《时间与存在》中的“本己时间”的情绪，也一定会回顾生存论上对“本己性”的理解。尽管海德格尔本人显然是有意识地避免谈论这种回顾——他在谈“本己时间”时不再愿意将其理解为时间的原初占有（Eigenen）中看到的时间。

不过在《时间与存在》中，对“时间的占有”进行规定时也指示了它与本己生存在内容上不可避免的关联性。其证据之一就是：海德格尔在《时间与存在》的讲演中明确表明，他似乎走了一条弯路，其后才又让“人”起作用。届时具体在场者的“在场”所“直接关涉的”恰恰是人，即便是“不在场”（Abwesen），“直接关涉”的也是人。对于这个“不在场”，我们从两种形态上对其加以经验：“曾在”和被理解为“到来”的“未来”。我们在“曾在”中所遇到的“不在场”，是“不可再现”的过去；而被称作“未来”的“不在场”，是一种不可扬弃的、能使我们吃惊的未知性。完完全全未知、彻底令人吃惊的，只是那种从前瞻预期的充实中抽身而去的东西，也就是我们深层情绪对其开放的、让其“到来”的那种东西，我们用本己性的存在方式对其进行回应的那种东西。事实上，以上谈到的方式“牵扯”着人这一点，的确属于《时间与存在》中所讲的这种“不在场”。

这里所讲的“**直接**”牵扯到我们的双重“不在场”，到底具体指的是什么？“牵扯到人”只可能从下述角度谈论才有意义：我们人是一种行动着的（handelnde，意为从事处理活动的）东西（Wesen）。如果“曾是”（Gewesen）与我们“非一媒介”（un-mittelbar，意为直接的）有牵扯，那么现象学上只可能指（尽管海德格尔本人没有直接这样说）不可再现的过去性这种形式。这种过去性在我们的行动中不是作为“疏远”的东西与之相遇，对于“疏远”的东西我们只能通过“媒介”，即明确的回忆才能将其当下化。对过去性的这种（非媒介）直接的占有的确存在，这就是我继承下来的**习惯性**（Gewohnheit），它在我们的行动中总是鲜活生动。相应的，以完全不同的形式，也有令人大吃一惊的、“直接牵扯”到我们的“到来”，这就是——也是现象学的具体实践——在行动中经历到的“机会”。就某个具体情境中的行动而言，是否都有某种确定的机会（或者根本不给我们活动的人以机会），这个令人吃惊的未来对我们保持不可扬弃的不透明性，对我们是隐而不现的。但是机会是一种十分独特的东西，它“近得可以摸得到”，即“直接”（unmittelbar）就能站在你面前的东西。

通过对机会和习惯这些现象进行澄清，说明了“到来”和“曾是”是如何“牵扯”到人的。在这里，我只能对此做这些一般性的提示。在下一个演讲中，我将就政治上的判断力活动，将关于机会和习惯的意义和思想进一步加以具体化。关于我们的核心问题，关于本己时间中的“当下”的意义是什么，重要的是要先注意本质：在讨论“不在场”的两种形式的交互关联，即“曾是”和“到来”的“交互关联”时，虽然海德格尔也谈到了“当下”，但却是用这种交互关联的形式寻求对这个“当下”的解释。虽然不是在内容上，但在结构上，这使我回忆起胡塞尔在贝尔瑙手稿中所做的犹犹豫豫的尝试，即给予“现在核”以“在场域”中的优先地位，使“现在核”也能成为“原初印象”，以便纯粹从前瞻意向与后顾意向的关系来解释“现在核”。

在《时间与存在》中，“曾是”与“到来”的关系是一种交互关联，所以我们可以从两种方向加以观察：我们可以从未来的关系，从“到来”到曾是加以观察，然后反过来。就像海德格尔自己说的，前一种关系在于“到来”“递予和提供”（reicht und erbringt）曾是。动词“reichen”（递予）意味着经过一段距离之后的给予，这个距离是不可以消除的裂隙，这个裂隙将令人吃惊的、黑暗的未来同“当下”隔开。这个给予牵扯到人于在场性（anwesenheit）发生时的作用：在场性是给予（gegeben）人的。“在场”是馈赠（Gabe），这个馈赠的“传递”需要人作为接收者；但是，这个馈赠能够传递（erreichen）我们，却不是由于我们的参与。我们只是获得指示：给予（Geben）[①]是由自身出发而发生的（sichereignet）。正

① 德文动词“给”有多种变化，这里的geben（现在时）、Gabe（过去时）、gegeben（完成时分词），都是“给”这个动词的不同时态。——译者注

是从这个“给予”出发，我们感受到在场性。由“到来”递来了什么，这个内容并不直接“在场”，并不具有“当下”这种特征，而是具有“曾是”的特征，“曾是”是处于“不在场”的形态中的。在现象学上具体来说就是，在我们背后，我们人总是随身带着我们自己的习惯，这一点表现为——在行为中，总会有机会提供给我们。当这种直接的“到来”发生的时候，我们已经“具有”了习惯。在这种意义上，“到来”提供着（erbringt）“曾是”。

动词“erbringen”听起来很像“生产”，所以，在规定这个与从“曾是”到作为“到来”的未来相反的关系时，海德格尔避免使用这个词。他的说法是，“曾是”“把自己递予未来”（reicht... sich Zukunft zu）。翻译为具体的说法就是，习惯为了能作为习惯而起作用，它需要未来。这个未来以机会的形态，在人行为时为人敞开自身。“曾是”在“到来”上显示自身，这个显示确定无疑地表明，在《时间与存在》中，时间仍然——用《存在与时间》的话来说——是从“未来”这里，实践（时间）着自己的（zeitigt sich）。

“到来”和“曾是”都是“不在场”的方式，它们相互之间是有距离的，这个距离是通过“递予”连在一起的。在这一点上，“到来”与“曾是”是一致的。“递予”使它们相遇、接近，带它们两者到近处。这个接近进程中的近，本来就是时间的“Wesen”（实在，本质）。在语法上，这个wesen（实在）在后期海德格尔思想中，几乎总是如此：我们应该听出

“wesen”（实在）有作为动词的味道。但是，“不在场”的这两种形式并不是处在对称关系中。在“到来”上，“不在场”的形式是“接近中的近”，如海德格尔自己所说，“向来自未来的‘到来’敞开着”。在人的具体行动中，人经验到的是不确定性：在届时的情境中，未来到底是否给你机会，是不确定的。这个不确定性告诉我们一个事实：机会提供给我们什么，都是隐秘不显的。因为，尽管它就在近处，但它不是在“当下”。成为“当下”的东西，就不再是机会了。所以海德格尔说“接近中的近”，其字面意思是，它向来自未来的“到来”保持敞开，以便在“到来”中，使“当下”隐而不报。

从“隐匿不报”（Vorenthalt）的形态来看，我们在“曾是”的形式中经验到的“不在场”，是一种具有完全不同的特性的“不在场”。海德格尔说，“接近中的近”使那个曾是敞开，以便这个“近”（Nähe）拒绝作为“当下”的“到来”。我们可以这样理解这句话：“曾是”受到阻碍，使它不得进入未来与“到来”的进程。因为与“到来”不同，形象地说，“到来”是展开、敞开的东西，是摆放在我们“前面”的东西，而“曾是”是在我们“身后” 不可扬弃的、尾随着我们的东西。即便我们转过身去，我们也无力改变总有什么跟在我们身后的事实，“曾是”也是如此。它习惯性受到阻碍，不允许它“从前面”，即在“到来”的形式中与我们相遇。在权衡可能的机会时，我们目光朝向“到来”。相反，当一个习惯成为注意力的对象时，在原则上，它作为习惯的属性已经丧失了。

所以，当海德格尔写道，在“到来”的形式中，“曾是”拒绝参与活动的时候，海德格尔对“曾是”的特征描述从现象学上看是十分恰当的。通过这个规定，曾是在“到来”这个方面获得了它的特征描述。这里再一次证实了在晚期海德格尔的文本中，海德格尔仍坚持未来的优先性。

“到来”是发生进程，从这个发生进程出发，“本质”（Wesen，存活、生存）规定着自己，也就是“本己时间”的发生进程规定着自己。这样便证明了我们借以出发的基本论题：像胡塞尔分析“在场域”构成的发生进程一样，海德格尔把“本己时间”看作发生进程。而且在原则上，海德格尔是站在柏拉图的立场上，并不是跟着亚里士多德走的，因为亚里士多德认为时间不运动。另一方面，海德格尔和胡塞尔一样，由于对“当下”进行解释的兴趣与亚里士多德的思想有所牵扯，所以在海德格尔看来，最后的问题是，“到来”与“曾是”的交互关联是如何提供“当下”的？这就是第一讲中最后的问题的一种海德格尔式的表达：我们不可避免地，但只是表面上经验到时间为我们提供“当下”的角度，对此，我们能否在不引入永恒的情况下给出答案，即给出与柏拉图不同的回答？具体地讲，我们能够用对“当下”占有的抽身而去解释这一经验吗？

用海德格尔《存在与时间》的说法，“当下”不可能成为“现在的连续序列”的无广延界限的“现在”，不可能是“非本己时间”中的“现在”。假如这样的话，他便违背了对该书“本己时间”的描述。这里涉及的是作为维度的（方向的）

“当下”。这个维度通过下述形式展开自身：时间作为“切近”，让“不在场性”的两个形态——“到来”与“曾是”相互接近，它们通过“隐匿不报”和“拒绝”（Verweigerung）而保持着它们之间不可消除的距离（entfernt）。为了能够听得出来，“接近”是**作为**“远去”而发生，海德格尔在他晚期的另一篇文章中在德文“entfernen”（离去）之间加了一个短横线，写作“ent-fernen”，以便把“消除”“远离”的意思赋予这个词。这个意思恰恰是该词正常使用中的反义，接近是对远的坚持与消除的统一。

“接近”通过传递（reichend）将距离连接在一起（在距离间搭桥），这样，“接近”开放了一个空间、一个维度，即“时间的空间”（Zeitraum）。在德语中有“时间的空间”这个词，它构成一个“处所”（Ort）。在这里，“进入时间”的进程便可以找到其场所（Platz）。空间或者纬度，表示相互分离。在日常生活和自然科学中，我们将这个“相互分离”理解为可度量的广延性。在时间上，可度量的广延就是“现在序列”中时间段的长度。据亚里士多德的时间定义，它的“大小”是可以通过时段的数量来规定的。只要我们把单个的“现在”把握为我们可以对其作短暂地占有“当下”的话，我们就可以对“现在的序列”进行测量。但是，如果“当下”的广延性通过对立面来构造自己的这种占有的话，即通过“隐匿不报”和“拒绝”，通过对占有的彻底的抽离而构造出这种占有的话，那么“维度”这个词便有了一种完全不同的含义。

尽管海德格尔没这样说，但是，按照海德格尔的思路，一定会得出如下结论：的确存在一个“本己的当下”，它的本质（Wesen）就是通过接近进程中的“远去”传递“时间的空间”的相互分离，也就是从我们占有中抽离而去的“时间的空间”。

我们说海德格尔按照柏拉图的思路走，就是因为他认为，时间为我们提供了一个角度，以便使我们占有“当下”。海德格尔对待这个问题十分严肃、十分彻底，以至于放弃了柏拉图引入永恒作为避难所的做法。但是这个放弃是有前提的，其前提就是要解释柏拉图为什么求助于永恒为避难所，以便使柏拉图的这一做法失效。这个解释我们可以借助胡塞尔的理念化找到。

在深层情绪的经验中，“到来”提供的“时间–视角”（时间–体）隐含了令人吃惊的可能性，这一点柏拉图并没有看到。像晚期胡塞尔用前瞻意向以及充实对内在时间做解释时的做法一样，海德格尔也相信这样一种预期：对向我们走来的、“到来”的东西的预期。属于原初经验的“到来”的前瞻意向，还有一个后顾意向与之互补，用柏拉图的话说，有一个“已经是”意义上的离去与之互补。因为“当下”的时间视角（体），即“es ist”根本不存在。而且因为离去的“到来”是不可解脱的，所以“到来”的目的，即充实，只能在无穷性中存在，这个“到来”可以无限接近，但永远达不到这个充实。

现在，我们可以将在无穷性中行进的、充实的“到来”的发生进程作为“连续进程”加以考察，这样我们便获得了一种“充实”的视角。这种视角离开了世俗的直观，只对精神敞开自己。“理念”的存在方式为我们提供了这类“眼光”，使我们有了可以达到“当下”的“es ist”的途径。这个“es ist”超越了“到来”与“离去”的互补性，超越了“拒绝”和保留的交互关联。通过对永恒“当下”的假定，柏拉图实现了哲学史和自然科学史上的第一次奠基性的“理念化”，它使得关于时间与永恒的相互对立的两极性形而上学成为可能。自胡塞尔以来，现象学就进一步追问，“理念化”背后的原初经验是什么。通过对“当下”的新规定，即把“当下”规定为从占有中抽身而去的“维度（方向）”，它关系到“不在场”的两种形态的互相作用，这样海德格尔就将已经有两千多年有效期的答案，第一次带上了理念化之路；而这对于形而上学史而言，是有决定性意义的。

第四讲

判断力的长处与弱点

（柯小刚 译）

在第二讲中，我们已经得出如下结论：通过对海德格尔《时间与存在》的解释，我们得到了一个对于“当下”的极为新颖的理解，并以此最终告别了那种把时间和永恒两极对立起来的传统形而上学。曾经被柏拉图理解为发生进程的时间，现在实施于两种形式的“不在场性”的相互切近（Näherung）中，即“未来”和“过去”的相互切近中。这两种形式之间有着不可弥合的“远”（Ferne），同时，它们之间还在一种“到来”和“曾在”之间的互补性发生进程中相互切近。这种相互切近中，通过这种“远”，“将来”和“过去”才能从在场中抽离，而“远”并不因此被消除。因抽离而达成的这种切近的实现，我们人类把它经验为“当下”。“到来”和“曾在”（Gewesen）之间的“近”，以及“未来”和“过去”之间的“远”，在相互切近的实现进程中构成了一种不可化解的统一性。假如我们从一种无远之“近”的角度来处理问题的话，那么对我们来说，“当下”就似乎成了某种占有。但是通过“远”

和“近”的统一，“当下”就会不可挽回地从我们的占有中抽离隐退（Entzug）。

在上次讲座中，我只提示了如下一点，即“到来”和“曾是”如何关涉我们人的方式，可以通过机遇和习惯这些现象得到阐明。对这一点，我将在下面的讲述中进行具体阐释：我将用现象学来描述，在判断力的活动中，机遇和习惯扮演着一种什么样的角色。为此，我必须先说明，我是如何理解判断力的。我还将以一种恰当的方式，从与此相关的一本有关判断力的近代哲学经典著作开始讲起，这本著作就是伊曼努尔·康德的《判断力批判》。

首先，我们来回忆一下康德在他的《判断力批判》导言中首次引入的，判断力的断定的使用和判断力的反思的使用之间的根本差异。总的说来，在判断中，特殊和一般联结在一起。“断定的”判断从一般出发把每个特殊物归属到它之下，以此方式，特殊之物被理解为应用实例或例子，一般性地获得了具体的规定性。相比之下，“反思”的判断力功能则在于从一个给定的具体事件中去找出一般性。

做出判断的本事（Fähigkeit）是一种能力（Vermögen），这种能力在古希腊语里叫作*dýnamis*，在此意义上，它也是一种力量（Kraft）。力量可强可弱，判断力的实力存在于它的反思性运用之中。但是在我们今天的时代，在这方面我们处在一种越来越糟糕的处境之中。在我们这个遍布管理网络的社会中，有一种判断力的使用方式取得了统治性的地位，成百上千的雇员和公务员都在忙于把那些从各种各样的法规和手册中得出的现成的一般性规定，应用到那些被管理的“案例”的特殊性之中。在现代化的进程中，生活关系越来越丧失其明朗性，为了弥补这个进程中的缺失（Defizit），人们编撰了越来越多五花八门的规则手册。然而如此一来，反思判断力的弱化成了不可避免的事实。随着现代社会对规则需求的增长，判断的确定性也就相应减少了。在关涉**行动**的决定的时候，这种不确定性就显露出来了。面临令人惊讶的处境的特殊性，对行动加以引导的判断力不知所措，因为它为了做出判断所需要的一般规则尚付阙如。无能使它陷入到一种瘫痪的境地之中，无法找到合适的新规则。

有没有走出这种灾难性的境地的出路呢？为了加强判断力的反思性使用，人们能否做些什么？也许哲学家要重新扮演起古老的角色，当起社会医生，为此问题的回答贡献一些力量，诊断出目前判断力弱化的深层根源。在今天，人们在行动中因无法正确处理意外事件而遭致失败的现象并不新鲜。判断能力运用于反思，指导行动，从来而且每时每刻都伴随着这种现象，并不得不与这种困难做斗争。只有从一般性的困难出发，我们才能对目前的判断力的弱化作出合乎事情本身的诊断。因此，我们必须问，当我们决定行动的时候，如果从事反思的判断要为我们指示一条可靠道路的话，它会遇到什么根本性困难？

我们在行动中所碰到的事件，如果我们根据已熟知的规则并不能预见这些事件，那么它们在这个意义上就是新鲜事，它们就会使我们感到吃惊。习惯上，我们所谓“新的”，是指刚刚步入“当下”的事物，而在步入“当下”的瞬间之前，它还处在未来之中。但是**在严格意义上**，并非所有将步入“当下”的东西都是新的。在正常情况下，我们所能预见和期待的东西，并不能使我们吃惊，以至于判断力都对之无能为力。**真正**新的，令人吃惊的东西，是那种深藏于未来中，不能为任何确定的期待所预见的。这样的新事物便是未来之物**本身**（als solches）。在指导行动和进行反思中运用判断力时，所浮现出来的，其主要的一般性困难在于：我们这里处理的是真正的新事物，因此必须面对那黑暗的、原则上不确定的未来**本身**。

除了这种以时间为条件的困难之外，对于指导行动和进行反思的判断力来说，还有第二种基本的困难，它是从主体间性中产生的。我想先从逐一阐明这两种一般性困难开始，然后我将转向那些在我们这个时代中特有的困难，以便在最后提出这个问题：如何才能把判断力提高到一个新的水平？

针对第一个一般性困难，我们提出以下问题：如果真正的新事物的特征是其不可预见性，而与之打交道的又是从事反思的判断力，那么这样一种判断力到底是如何产生的？答案在于：尽管未来是不可知的，我们的行动为我们开辟了一条进入未来的直接通道。而且恰恰是**在**未来的未知性中，通过行动，未来已经预先来到“当下”了。我们每一个当下行动的情境，都为我们的行为举止提供了各种不同的可能性；在这些可能性之间，我们必须做出选择、决定。在此过程中，我们经验到，对于某个决定来说，都有相对于它的**恰当**

的或者不恰当的时间。行动者有义务判断出何为有利瞬间，何为不利瞬间，这种有利瞬间在古希腊语中是用*kairós*（时机，良机）这个词来表示的，并且抓住这个机遇。这种机遇被马基雅维利称为*occasione*（机会）。

为我们敞开*kairós*（时机，良机）的新的行动的可能性变为现实的过程，处于不确定的未来之中。因此，我们永远不可能从根本上确知，对某个行动来说，一个当下的情境究竟是有利的还是不利的。然而进入（einlassen）机遇毕竟是可能的，而且机遇的独特性恰恰在于，它能够为我们提供一种行动的可能；并且这种可能性——正如德语中所说的那样——还是“唾手可得”（zum Greifen nahe liegt）的。这样，*kairós*（时机，良机）的特征就被标识为：与新事物的关涉，而且这种新事物已经冒进到“当下”，但同时又隐藏于未来之中。行动上的反思判断之所以成为可能，是因为我们有能力把握有利机遇。但是在这种通过相应知识而先行准备做出决定的任务中，同样存在着那种对于反思判断而言的第一个基本困难。面对这种困难，反思的判断力必须在行动中证明自己的力量。

针对特定行动情境中对意外事件的判断，后来有人又提出了一种规则。依据这一规则，我们总是决定赞成或者反对某种机遇。当反思的判断力在有利或者不利机遇的权衡中向着未知的新事物，向着将来本身敞开的时候，反思的判断力就显示出它的强大。在这种与时间的内在关联中，判断力显示出为行动而做的决定。这种与行动的关联使得反思判断力与*Phrónesis*

（实践智慧）即“精明”（Klugheit）联系在一起。*Phrónesis* 即“精明”的首次出现来自亚里士多德在《尼各马可伦理学》的第六卷中分析的概念。在那里，精明就已经被与*kairós*（时机）联系在一起了。当西塞罗把 *prudentia*（审慎）——这是*phrónesis*一词的拉丁语翻译——解释为来自 *pro-videntia* 即“预见”的时候，这种解释方式绝非偶然：这里的“预见”指的就是人类行为中对真正新事物的预见。

从根本上来说，康德关于判断力的分析是以趣味判断（Geschmacksurteil）为导向的。但是在康德的《判断力批判》第四十节中，判断力与行动的关系更多的表现为判断力与政治行动的关系。在那里，使得我们有能力反思地运用判断力的思想方式，被康德标识为一种“扩展的思想方式”，而这种扩展的思想方式又进一步被描述为“共通感”（Gemeinsinn）或 *sensus communis*（共通感）。对于这些章节及其政治含义，汉娜·阿伦特曾投以特别的关注。因为在我们的时代，判断力的弱化主要表现在行动领域。所以，在随后的思考中，我将忽略《判断力批判》中艺术的和自然哲学的语境，以便将讨论局限在以行动为导向的判断力范围之内，通过这种行动导向的判断力把反思判断力与古老的实践哲学的“审慎”（*prudentia*）联结在一起。

至此，我们已经说明了，反思判断力在与行动的时间的内在相关性中所遭遇的第一种困难，现在我想转向我们前面提及的第二种困难。我们将在反思判断的主体间性维度上碰到这种困难。正如“反思的”这一属性所指示的那样，这一维度同样被康德注意到了。对自己的判断进行“反思”，就意味着通过观照他人的立场来检验自己的判断的可靠性。“扩展的思想方式”把一个人置于这种境地，使他能够把他人的立场当下化。在我的立场和他人的立场之间的鸿沟上，在判断力搭建桥梁的时候，它的力量的强弱就会显现出来。

但是我们可以把那分隔出不同立场的东西称为“鸿沟”吗？正如康德在《判断力批判》第四十节中所说明的那样，一个人只要能“站在每一个他人的立场上”，进而实践那种“扩展的思想方式”的话，他就能够证明自己具备某种能力，凭借这种能力，他能够抛弃那种“把诸多他人捕陷其中的”“判断中主观的和个人的条件”。这些句子有这样一个前提，即我们人类之所以能够把他人的立场当下化，就是因为我们都具有了同样的理性。理性使得我们能够逐渐克服判断的主观局限，能够设身处地于任何一种立场之中。理性的这种灵活性显得如此之大，以至于它似乎可以让我们能够获得一种超越私人立场的深思熟虑的立场；如果从这种立场出发来看的话，面对这些局限性立场，就会显得像是来自一种鸟瞰的视角。然而，只有当不同立场之间没有鸿沟需要填补的时候，理性才能够如此富有灵活性。

然而问题在于，理性是否具备如此无限制的灵活性？让我们来思考以下情形：假设在某种给定的情境中，某个他人与我自己一起讨论我们行动的可能性，而且我们双方都运用这种扩展的思想方式。众所周知，在这一类事务中，总是不可能被完全排除我们不能理解他人的危险。如果我们从字面意义来理解康德的“扩展的思想方式”这一概念的话，我们对这种情况就会有一种解释：在判断中，我永远只能“扩展”我的思想方式。这就是说，我不能把这种思想方式完全抛诸脑后，并停留在所有那些与我的立场紧密相连的判断之中。形象地说，我只能从我的立场的“这里”出发去接近他人的立场，在“那里”，我遇见他人。这样，在我自己的立场“这里”和任何一个可以设想的他人的立场“那里”之间，总是保持着一种不对称性。这种不对称性会对取得一种鸟瞰视角——借助这种鸟瞰视角，我们可以设想，最终被去除那种不能相互理解的危险——造成妨碍。

人们可以从“立场”这个概念中，直接听出这个词原初的空间含义，因为它暗示每个人都被束缚在一个位置上，从这个位置出发他才能观察事物。从这个我当下逗留的地点出发，我可以去往他人的位置。如果他人的这个位置在我的视域范围之内，我就能够指向它，而称它为“那里”。但是一旦当我亲身到了他人的位置，我就会在这个地方说：“我在这里。”因此，有一个我永远不能离开的“这里”，犹如我无法摆脱我的影子一样，我这个不可摆脱的“这里”会随着我的位置运动而移动。因此，对于我来说，我永远不可能接手他人的位置，因为那个他人同样总是逗留在他的不可摆脱的“这里”。前文所说的不对称性正是从此情形出发的。

与此种如影随形的“这里”相关，我还必然会有某种不可消解的“背后”的东西。我当然可以转身，以便看到此前看不到的东西，因为此前它在我身后。但是我不能改变如下一点，即对于那个我永远不能摆脱的“这里”而言，我总是有这样一个总是处在我的“背后”的区域（Umkreis），它从根本上回避了我的视线。这一点不仅对我的位置或“立场”——就这个词的空间意义而言——来说是有效的，而且在我的位置上，它还有一种更宽泛的意义，即生活空间（Lebensraum）的意义：无论我还是他人，都时时束缚于此生活空间之中。为了标识这个生活空间，我们可以提供“世界”这个词。“世界”在这里取一种日常语言中的含义，在这种含义中，我们可以说“我的世界”或者“他人的世界”。如我被束缚于我的眼光一样，我被束缚于我的世界的方式是：我永远不可能从前面出发去看到那个身后区域。

我们观察到的现象：我不能“从前面”看到身后之物；这个现象不局限在空间意义上有效，在时间意义上同样有效。在我的生命中有一个过去，我从前面来观看这个过去，也就是说，我能明确地回忆起过去的事物，把它们当作我的注意的对象。但是，同样还存在着另外一种过去，对于我来说，这种过去就像那个如影随形的空间性的身后区域一样，它总是逃逸于我的目光之外。这个过去便是所有那些对我来说已经成为自明的和成为固定习惯的东西。

相似地，就像我能转身看到身后之物一样，我同样可以意识到我的某些习惯。但是在我开始这样做的瞬间，习惯就丧失了它的习惯属性，因为习惯是这样被定义的：它规定着我的行为，同时它并不为我所注意。当我的注意力集中于其上的时候，习惯就丧失了其习惯性。只要我让我的习惯进入我的注意对象之中，我就有可能改变或放弃许多习惯。但是要想完全放弃习惯本身是不可能的。无论我做出何种行为举止，习惯都像我背后的空间区域那样不可消除地存在着。

而且，无论我的世界还是他人的世界，我们都扎根于这样的习惯之中。具体地讲，世界就是一种生活空间，我的行为举止在其中进行自我定向。我熟知那个处境（Kontext），我在行为中遭遇到诸种事件——事物、人们、思想、制度，或者其他东西，它们总是从属于我熟悉的处境。出于习惯，我知道我走进我家的车库是为了开车去某个目的地。一般说来，我习惯性地知道“为何”，也就是说，我能够从一些已经熟知的事件出发而指向另外的事件，然后从另外某些事件又指向更多的事件，如此等等。

这样一种指引性的关联（Verweisungszusammenhänge）构成了诸多定向过程的运作空间（Orientierungsspielräume），这些空间中的每一个都为我的行为打开了一个可能性的区域。用胡塞尔现象学的话来说，这些空间可以被称为境域（Horizonte）。在通常情况下，关于境域的知觉（Wissen）总是在我不必对其有所知（bewußt）的情形中形成的。正是这样一种“知觉”，才使得习惯成为可能。我的世界是境域，它把所有境域包含在内，这个境域又是束缚于我的习惯性之上的境域。通过这种方式，我的世界构成了无所不包、如影随形的“这里”，对于这个“这里”，我是无力离开的。每一个人的境域性的世界，都是这样一个与他人的世界不同的、不可扬弃的“这里”。这便是造成有诸多立场存在，并且在其间定有鸿沟的原因，它使得判断力的反思运用从根本上来说总是十分困难。

但是，一种对未来敞开的、准备好抓取有利机遇的判断难道不能走出这种困境吗？去对那些位于鸿沟对岸的他人立场进行反思，这究竟是否必要？有利机遇总是从未来的方向开放自己，未来总有不确定性，所以，未来总是对具有诸多行动可能性的多样性开放。因此，只有当我在诸多可能性之间进行权衡的时候，也就是说，当我在我的判断中左右摇摆以确定某个行动情境是否提供了*kairós*（有利时机）的时候，我才有可能知觉到一个有利机遇。但是，在这样的摇摆不定中，我仍然没有达到那种与未来的不确定性相对应的可能的多样性。判断中的摇摆不定在较早的判断和较晚的判断之间来回摇摆。只要我在做判断的时候完全独处，而且总是在一种**一个接一个**的形式中进行判断，那么判断的多样性就总是存在。然而这并不是真正的多样性，因为在我摇摆不定的每一个阶段，只有**一个**判断进入我思虑的瞬间。只有当多个判断相互竞争着出现于同一瞬间，我才有可能触及真正的多样性，为此一定需要那些与我**同时**生存着的他人。

我在我自己的内部（Innern）中通过左右摇摆的判断，而对行动可能性进行权衡；行动可能性从一开始就不可能被看作有利的机遇，因为它们缺乏真正新事物的特征——与未来的黑暗性相应，有利的机遇必须能够展示它为真正的新。所有通过我自己而做出的我的判断，在原则上都是能够为我所预见的，因为它们都落在负载着我的世界视域习惯的“我”的范围之内，而这些习惯又把我束缚在我的世界的不可抛弃的“这里”之中。只有那些我通过当下化他人世界的“这里”而碰到的行动可能性，才能使我惊奇，进而证明其自身为有利的机遇。

如果对他人立场的当下化是可能的，如果从事判断的理性必须就此在不同的境域世界之间架设桥梁，那么，一个问题便不可避免地产生了：使此种当下化得以可能的方式是什么？因为境域植根于习惯之中，所以我们立刻就能得出一个答案：必然会有一种全人类共同的习惯（习俗）。只有这样才能解释，在咨询和讨论中，在必须做出决定的情况下，为什么众人可以达成共识。如果所有共同点都无一例外地被置于讨论之外的话，如果它们在原则上被放置在需要处理的位置之上的话，那么共识就必然会因此动摇。共识必然需要某些基本的前提假设，对这些前提是不可加以讨论的。这种自明的前提便是我们这里正在考察的习惯，也就是我们在前文所提及的，无论他人还是我“背后”背负着的东西。

对于一切共同习惯的整体，在希腊语里有一个概念来指称，那便是*êthos*（意为伦理、礼俗、习俗）这个词。这个词的原初意义是指共同居住的地方。在那个地方，一个人群的共同体通过行动来维持他们的共同生活形式。按照黑格尔的做法，我们可以用“Sittlichkeit”（意为伦理、伦常、礼俗）这个词来翻译*êthos*，因为伦理构成了习俗的整体关联。自古以来，在对伦理的遵循中，人们相互给予承认。通过把他人立场当下化而达成的对我的判断的反思，必须以某种伦理的共同性为前提。只有以此为前提，我才能为我做出决定的判断提供一个框架（Gestalt），而只有通过这个框架，我们才能如康德所说的那样，对他人有所“建议”（ansinnen）。“建议”意味着请求别人承认我的判断是值得讨论的，至于别人是接受我的判断还是否决它则是第二位的问题。

在这里，前面讨论过的第一种困难又显露出来：任何人只要他反思地进行判断，他就会被要求做好认识和把握有利时机的准备，以及因此要面对新东西的准备。这种做好准备的状态要求一种力量，因为它与那种本质上属于习惯的固执倾向是对立的。任何人通过向未来开放的、影响决定的判断向他人提出建议时，都会期盼他人注意——他建议的行动是新的，仅仅有鉴于此，他人才对其加以考虑。在这里，行动之新也就意味着在行动中能够“开始”（Anfang）——就“开始”这个词的严格意义而言。对他人的这种建议面临这样一种困难：它把自明的习俗作为取得共识的基础，但是同时，他也要求他人不要无限制地固守这种习俗，而是要重新开始。

可建议性（Ansinnbarkeit）真正需要的，是为能够抓取呈现出的可能的*kairós*（有利时机）而做好准备，是一种面向真正新事物的开放，因为这种态度与那种固守古老习俗，即固守*êthos*（伦理、礼俗、习俗）的倾向处于一种斗争关系之中。这种斗争最终不可能调和。之所以不能调和，不只是因为*êthos*（伦理）和*kairós*（有利时机）必定是相互对立的，还因为它们恰恰是通过这种对立使彼此相互需要。只有基于某个*êthos*（伦理）的共同性基础之上，某个*kairós*（有利时机）才有可能被带给他人，而*êthos*则需要*kairós*的补充。如果通过*êthos*，所有事情都已经被预先决定了的话，那么对为了做决定而下的判断进行讨论，从一开始就是多余的。然而这是不可能的，因为每次伴随着惊奇，我们都必须期待着将来有什么不确定的东西。因此，通过*kairós*可以决定如何处理事物，而*êthos*只能先行决定应该在什么尺度规范的境域进行处理。

因此，在讨论没有变成常规仪式的行动可能性时，给*êthos*和*kairós*之间带来了一种张力。每一个为当下的决定而做的判断，都与柏拉图在《蒂迈欧篇》中的两个著名的时间体相关，这两个时间体就出现在这种张力中。当一个有利机遇呈现自身的时候，在其中浮现着的新事物一方面通过其不可消除的不确定性而仍然保持为被遮蔽的和正“到来”的；而另一方面，对于我们而言，它作为可捕捉的可能性，已然极为接近了。因此，在这里，未来将作为“到来”，作为一种遥远的接近而被经验。正如海德格尔在《时间与存在》中所说的那样，我们恰恰是在这种接近中保持着一种“扣留状态”（vorenthalten）。

如我们在“机遇”中可以观察到遮蔽和接近的一个可比较的统一，也在那作为共同习惯的*êthos*中被标识出来。组成*êthos*的习俗伦常，对于我们来说是自明的，因为它们长久以来就浸染嬉游于那源自过去的习惯之中。但是这种过去并不能变成某种可以被标注日期的，使我们可以明确回忆的对象，因为如果这样一来，不经讨论的自明性特征就会丧失，存在分歧的讨论也就没有了作为前提的*êthos*——*êthos*作为前提在为行动而作决定的讨论中是必须的。由于过去——*êthos*在其中有其渊源——对于主题化的回忆是不可及的，所以“过去”这个词在其本己意义上就是“古老”的。这个“古老”对我们来说是位于我们身后的不可消除的东西，不可消除地遮蔽和抽身而退；若再一次引用《时间与存在》的话来说就是，在“古老”这里，明确的回忆中实现的“到来”拒绝作为“当下”现身。然而，对我们来说，在伦常礼俗中，这种作为被继承的和在当下被遵循的习惯的“古老”，仍然保持为活生生的、当下的和接近的，“古老”有着“曾是”的特征。

联系到行动，时间在本己的“古老”和“新”（Neuen）这两种现象中展示出两个方面：一方面，时间让恰当的机遇“到来”，通过这些机遇，行动的新的开端变成可能，同时它也使那自古以来的习惯的共同性成为可能；而只有在此基础上，才可以就这些新的开端进行争论；另一方面，从我们的回忆或期待的支配性能力中，时间抽离了那诞生了*êthos*（伦理）的过去和给*kairós*（时机）带来充实的将来。时间开启了有利机遇，时间让古老习俗持存，时间赋予反思判断力以力度；但是在回忆和期待中，时间的抽身而退削弱了反思判断力。但是这种“弱”以互补的形式与“强”归属到一起：如果回忆可以抵达“过去”——共同的*êthos*在其中已经变成了习惯，如果期望可以确定地捕捉在*kairós*中切近的未来的话，那么，无论是*êthos*还是*kairós*都将不复存在，而且反思的判断力亦将丧失其所有力量。*êthos*和*kairós*通过它们之间的斗争，形成了相互依赖的关系，这时“强”就存在于这种相互依赖关系之中；就其自身而言，这种相互依赖关系是以那起源于从回忆和期待中的抽身隐退的“弱”为条件的。

这种“弱”为反思判断设立了一个不可逾越的界限，在这个意义上，“弱”赋予了反思判断以有限性的特征。但是如此理解的有限性本质上不同于形而上学传统中的有限性概念，因为它不是缺乏，不是对作为前提的无限性的限制，而是使得反思判断的“强”成为可能的东西。根据康德的观点，人们在判断中所拥有的各种立场，一般来说都会陷入把“主观的私人条件”仅仅理解为对在原则上可以无限延展的理性的一种限制，这种强弱之间的关系对哲学来说还是封闭的。只有从此种理性出发，人们才能够设想，理性能上升到鸟瞰的视角，超越我的立场的“这里”和他人立场的“那里”之间的不对称。

在我们这个时代，这种对理性的信仰仍然以一种隐秘的方式起着作用，虽然大多数哲学家认为形而上学的无限性概念已经被克服了。今天人们在判断力的反思运用中，对判断力的后形而上学进行了有限性的无视和对强弱之间互补性的无视，这些表现在经常碰到的“不确定化”（Verunsicherung）之中，这一点我们在一开始就已提及。意欲重新赢回判断之确定性的尝试，运动于两个极端之间。其中一个极端涉及的是习惯，它被看作判断过去的维度。这种古老的传统遗产都得到了应有的保护，在内容上首先是流传下来的文本——比如在欧美和伊斯兰世界，首先是《圣经》和《古兰经》；或者将通过法规形式确定下来的礼俗——比如衣着规范和其他方面的规范——作为对象可把捉的东西。这是原教旨主义中流行的形式。

然而在哲学中还有一种精细形式的“原教旨主义”：他们认为，只要以一种习惯性的方式，在已经过生活检验的行为规则的框架之内，在 *êthos*（伦理）中所包含的标准仅仅对人起到约束作用，那么在今天，它们就必须丧失其全部约束力。在如此理解的“传统道德”（konventionellen Moral）——阿佩尔和哈贝马斯用过这样的术语——的位置上，必然有一种“后传统道德”在今天登场。同样，在这样一种道德中，遗产也是被对象性地表象的，例如被表象为命令、戒律、法规、义务、价值等形式。如果我们在规范的基础上来确定它，并使它独立于任何生活习俗之外的话，我们应该更确定它们是遗产。然而如此一来，就会使得那在流行的原教旨主义中被对象性地固定的遗产，以及那些自古以来就被解释过的持久来源，被来源于智性发明的，同样是对象性的、有意为之的固定规范所**替代**。

这两条道路共同抛弃了那毋庸讨论的、自明性的特征，而只有通过此种特征，涉及行动决定的争论中，*êthos*才能构成前提基础。在其中，他人被要求为了行动而创造新的开端。因为*êthos*具有“曾是”的特点，也就是说*êthos*构成了一个过去，而这个过去，对于我们来说恰恰通过其不可消除的遥远性与我们保持着切近和生动性，所以它就总是逃避我们对它对象化的占有。原教旨主义在最大程度上保持了对当下的以形而上学为基本导向的占有。原教旨主义无视海德格尔颠覆常规的洞见，即由于抽离隐退而使得“当下”成为不可度量的一个维度。原教旨主义想克服那种以抽离隐退为条件的“弱”，这种弱表现在我们不能对*êthos*进行对象化的处理。

另一个极端涉及的是真正的新事物，即将来，人们应能以此重新赢得行动导向的判断的确定性。在这里，“未来”被有意识地按照一种科学上可以诊治的发展方式而被变成一种对象。这种变化在两种方式上进行。在过去的数十年间，由于东方和西方大量的知识分子接受了由卡尔·马克思所开创的历史哲学，认可了由之而导致的政治运动，所以强化了那种相信社会能不停地向着共产主义社会发展的乌托邦立场，也确证那种以科学的方式来计划未来的说法。今天已经有无数基于经验发现的社会科学的未来计划取代了那种乌托邦的位置，但是其中有两种相似的情形：一是我们似乎可以把未来从黑暗的隐蔽性中带出，置入到光明之中；二是我们似乎可以通过科学的对象化的方式，使真正的“新”即*kairós*（时机）能被作为“新”来把握，但实际上，真正的“新”总是逃逸于我们知性的占有之外。

以下情形是判断能力衰落的典型标识：在今天，即使著名思想家都把为行动提供判断的要求，混同于智性的强制性（Zwang）——这种强制性在科学证明中有它的合法。伴随着这种混淆，反思的判断变成了一种科学的、规定性的判断。当我做出判断并加之于他人的时候，我假定在行动中他人有一种重新创造开端的冲动。但因为未来不可消除的不确定性，所以这种对他人的假设绝不是在精神上强迫他人接受我的判断。哈贝马斯的理论就暴露了上述问题，当他谈到在今日社会情境中“争论的柔和的强制性”时更是如此。他接受的阿佩尔的“理想交往共同体”理论是建立在这样一种虚构之前提上的：所有论点，包括那些必须对他人有所“要求”的立场，归根结底都被要求具备一种强制性的说服力。

原教旨主义的极端，或者那种把伦常尺度进行规范理论性对象化的极端，或乌托邦主义的极端，或者那种按照科学计划而把未来对象化的极端，它们都有一个基本的共同点：他们都否认判断力的有限性，他们拒绝承认那种在时间中起着统治地位的隐退。他们不承认，正是由于这种隐退，我们才有令人称奇的有利机遇，才有了真正的新事物，才有了那种把所有伦常习惯维系到一起的真正古老的事物。人们看到了这种双重隐退弱化了判断力。但是人们相信，只要处在形而上学的对可占有的当下的信念中，这种弱就是可以避免的，判断力在今天所缺失的确定性和强度是可以被找回的。但是在这里，以形而上学的方式，我们应该把“弱”理解为是一种“强”的缺乏，而不是将其理解为“强”的不可缺少的对立面。

人们对判断力的弱是盲目无知的。这种“弱”通过（在时间中的）双重隐退而得到的界定恰恰造就了它的“强”。如果这种盲目无知得到克服，那么我们就有机会终结当下判断力的衰退。然而，在这样一个官僚统治的世界中，在现代生活关系中增长着的不明朗性中，期待这样一个机会是不是一种幻想？对于这个问题有一个简单的回答：无论是谁，只要他相信判断力的衰退是不可终止的，那么他就是对未来做了**一个**判断。然而，对于反思判断来说，未来在原则上是为它准备着惊奇的。更新判断力的第一个具体步骤是，放弃那种在精神上把未来置于静止境地的悲观主义式的诊断。

但是这并不意味着允许单一的乐观主义式的判断，要想抵制原教旨主义和乌托邦主义的倾向是困难的。在这两种倾向中，判断力的反思运用都从根本上被削弱了。因此没有人知道，那些旨在更新判断力在反思运用中的努力能否在现代社会结出硕果。因为人们不知道结果，所以人们在每一种此类努力中都需要运用勇气，因为那未来的不可知的新事物带来了畏惧。作为结论，我想请大家回忆康德在一篇关于启蒙的著名文章中的一句话，这句话是他引自拉丁诗人贺拉斯的一句诗。这句引文是只有两个词组成的祈使句。这句话的第一个词叫作*sapere*，意为“品尝、辨味”，它的意思是对行动情境的“味道”的辨识。如此理解的*sapere*是由那些*sapientia*（实践智慧）——或者用我在一开始就讲到的一个词来说就是*prudentia*

（审慎）——的精明决定构成的。但是*sapientia*或*prudentia*的尝试要求人们必须“敢于”什么，而“敢于……”在拉丁语中叫作*audere*。去猜测这种判断力的*sapere*在我们的社会中是否会有前途，这将是没有结果的。更有益的做法是遵循康德在他的那篇文章中所作的告诫——“*sapere aude*”，即“敢于运用你的判断力”。

第五讲

希望现象学

（张灯 译）

在第二次讲座中，我曾经质疑过胡塞尔的基本假定，即由未来带给我们的一切，必定从一开始就嵌入到了前瞻意识和充实场域之中。我曾提出这样的论点，即深层情绪——这一概念是由海德格尔纳入现象学研究的——对时间的体验给未来备好了惊奇，而这正是胡塞尔的假设失败的缘由。现在，我将以希望为例具体阐述这一论点。

关于“希望”这一主题，在20世纪的哲学与基督教神学中虽已经有闻名于世的著作，诸如1945年由恩斯特·布洛赫（Ernst Bloch）所著的《希望的原理》（*Das Prinzip Hoffnung*）和1964年由尔根·莫尔特曼（Jürgen Moltman）所著的《希望神学》（*Theologie der Hoffnung*），但却鲜见现象学大师的作品。然而，一个大体上不能算作大师的思想家加布里埃尔·马赛尔（Gabriel Marcel）曾在1942年做过一个题为《对一种希望现象学与希望形而上学的构想》的演讲，这次演讲明显带有一些与现象学方法——正如胡塞尔所介绍的那样——相符合的特征，这些方法也由马赛尔在其作品之前和对方法的简单思考中，用他自己的方式进行了表述。

现象学方法的第一个特征是，尝试对我可能遭遇的一切，一切对我的“显现者”进行这样的描述，即它是如何每一次在我的体验中呈现出来的。经由这种反思所获得的显现者的“内在视角”只能用第一人称进行阐释，而从外部对事态进行判断的立场则不应予以考虑。向我显现意味着我能够以任意的方式领会，它带着一种意义“遭遇”我。它因此而获得意义，因为它并非孤立地出现，而是以或明确或不明确的方式指示着其他的显现者，并由此嵌入一个显现者的指示关联，即域中。对显现者的每一种理解来说，最基本的是能指向这种类别的显现，在这种显现之上。理解可以找到它的第一个支点，而此显现则处于它尚未偏离的、本源的、“原初的”形态中。

现象学方法的第二个特征是对原初显现的探寻。这种探寻具有一个特征：显现的具体内容并未预先给定。现象学研究的任务在于，寻找原初显现的诸多类别，并仅通过这种显现，通过正确理解下的“自明性”（Evidenz）来支持自己的论点，这种“自明性”同样是通过上述找寻的进程出现的。在此，它会与根深蒂固的日常偏见产生碰撞，这种偏见也来自于包括哲学在内的学问。这些偏见会阻碍我们承认，我们在内在视角中所发现的原初的显现，并使我们将其看作流俗的解释。由于我们通常不会注意到这些解释，为了毫无成见地对显现进行反思，我们就需要一种态度的转变；这一转变如此剧烈，以至于只有通过转变才能看出，从前那种态度是可以转变的。

当现象学的质疑将其置于一种尚未辨明的不可怀疑性中时，人们所采取的态度是，显现者作为某种对我们来说是“是/存在”的东西与我们遭遇。在这里，这一“是/存在”包含着所有可以设想的变异，“或许的存在”“可能的存在”“也许的存在”“有争议的存在”，甚至“并非存在”。所有这些，依照胡塞尔的表述，都是我们对诸事件存在的“执态”（Stellungnahme）的样式，即那些我们在实践的和理论的行为中与之相关的事件。

现象学方法的第三个特征在于，我们在对显现的反思中“停止”（innehalten）一切对存在的判断，“放弃”（enthalten）它们。在希腊语中，描述这种停止（Zurückhaltung）的动词叫作“*epechein*”。因此，胡塞尔借用古希腊斯多亚学派及怀疑论者的概念将其称为“*epoche*”（悬搁）。

现在，为了转到“希望”（*elpis*）这一主题，我们通过方法上的悬搁的态度，获得了毫无偏见地观察“希望”现象的机会。我们首先要放弃对人的希望所指向的对象中任何存在与否的判断。关于所希望的对象的流俗立场，我们可以置之不顾，譬如古希腊最盛行的立场：希望总是在迷惑着我们，因为最后总是会证实，我们对其存在寄予希望的一切，只不过是我们虚构的愿望的产物罢了。比如犹太教、基督教、佛教中广为传播的传统宗教信念：犹太教对弥赛亚的期盼，基督教中对《约翰启示录》所允诺的在时间尽头会出现的“一个新天新地”[①]的希冀，抑或大乘佛教中对那些得以顿悟的人被预许“西方净土”的信念，所有这些我们都将其置于悬搁状态。

其次，我们可以尝试深入到通过悬搁而成为可能的对“希望”现象的原初形态的内在视角，并注意到哲学上最初源于阐释给我们的印象——毫无疑问是显而易见性，这些解释从一开始便同我们纠缠不休。这种阐释方式中，最古老也最流俗的版本就是将“希望”定义为对即将到来的善的期盼——这一定义与“畏惧”（Angst）作为对即将到来的恶（Übels）的期待的定义是一致的。这一定义具有一定程度的由观察得来的说服力，也就是观察到，希望一般来讲所指向的只能是善（Gutes），而不是恶（Schlechtes）。

假设有这样的反对意见：对坏事的期待也可能伴随着某种希望，希望事情——比如一种有预谋的盗窃行为——能够“顺利进行”。这一反驳的前提是，我们能够在客观的“善”与客观的“恶”之间作出区分。但若我以悬搁的态度进行反思，我完全不了解“客观的善”，即对于所有人来说的善，我仅仅了解那个向作为希望者的我所显现的善或恶。关于我所希望的“目标”——只要它构成我希望的对象——作为希望者的我就不能说它是坏的。也就是说，我在任何情况下都会将我所期望的视为比现实情

① 《圣经·启示录》第21章，南京：中国基督教协会，1998年，第290页。——译者注

况“更佳”，我的希望正是致力于超越这一现实情况。

即便对于希望的经典定义以这一观察为支柱，它还是对希望加上了一定的限制，将其归于“期待”（Erwartung）这一上层概念之下。在此，期待的作用似乎是一种与未来的中立的关联，而这一联系——依期待者的主观心理状态而定——会被特定的情绪感染。我们可以说，期待指向积极目标，在感情上受到希望的正面渗透，这与期待受到来自畏惧或绝望的负面渗透形成对比。然而，只有假定在与所期待之物的关系中，我们所意识到的意义指向（Sinnverweisung）找到其原初的、首要根据的话，也就是说，只有假定我们首先期待某事，然后我们又在这种期待上赋予一定程度的情绪色彩，此时，这种对希望的描述方式才可被接受。

当我在对希望进行毫无偏见的描述，描述其如何在我的内在视角中原初地呈现出来时，其所展示出来的恰恰相反：希望原初的意义赋予者并非是中立的期待，而是一种感受（Gefühl）。与我的希望相关的未来，对我来说并非事先在期待中就已向感受敞开了，而是有一种未来，它在本源上就是我生命的这一维度，这一生命的维度是经由我的情感状况向我敞开的。当我谈到这一维度，仿佛它没有通过情绪的渗透，就已然为我在那里了，于是我只能如此。因为在无意识的情况下，我已经事先放弃希望与未来之间原初的情感联系了。

因此，我们在接着对希望作任何描述之时，都应从其基本的特征出发，即它是一种感受。随着这一对希望的基本界定，我们事实上已经排除了可能将希望与乐观主义相混的偏见，与这种混同相对应的是将绝望与悲观主义相提并论。悲观主义和乐观主义作为对未来之恶或善的期待，符合对畏惧和希望的传统定义，它们是这些期待的一般形态。作为这样的形态，从本源上讲，它们不是感受，而是关于未来的一般判断。这些判断表明，“最后一切都会有坏的或好的结果”。如果需要证实这样的判断不是陈词滥调，不管乐观主义者和悲观主义者是否承认这一点，他们都必须对自己作出如下的要求，即用论证来护卫自己对于未来的立场，而作为感受的希望是不需要任何论证的。

将希望界定为某种感受，使得我们会遇到另一种偏见；因为传统上我们将感受视为意识的方式，而意识会颠倒或扭曲进入世界的基本途径，因为他们认为，这一基本途径正如人们自然而然地会假定的那样，是由认识为我们开启的。在这个意义上，感受被当作“非理性之物”，我们应当摆脱它们的影响。这样一来，我们从一开始就断绝了一种可能性，即一种原本对于某物的情感关系可能具有某种特殊的理性形态，这种理性关系到那些它所涉及之事的一种解密的力量。帕斯卡以他那句名言认可了这种可能性：“心有其理性，那是理性所根本不认识的。”[①]上文所述的希望和畏惧的定义没有涉及这一事实，因为这些定义的前提，那些中立的、尚未渗透情绪的与未来

---

① 帕斯卡：《思想录》，北京：商务印书馆，1986年，第130页，277条。——译者注

的关联，只能是一种我们归结于认识的、面向未来的前瞻意向。

一个具有批判性的问题自然会被提出来：是否确实是帕斯卡所谓的“心”及其感受情感为我们的希望提供了依据？此处的“心”所意味着的，必定不会是那些构成我们成为生物躯体的肉体自然（die leibliche Natur）。但希望难道不就是一种从人之为生物的生存欲望中生长出来的一种情感（eine Art von Gefühl）吗？这一问题听起来似乎可信，但它从一开始就没有对准希望，因为它是从外部对我的希望加以判断的，是第三者以非现象学的方式提出的。我在内在视角中经验到的希望不是一种自然而然的、与食欲和睡意类似的、以可承受的方式维持生存的欲望。尽管如此，我们也不能忽略，这个问题的紧迫性在于即使在内在视角中，我们也无法切断希望同对生命的可忍受的继续的依赖（das Lebe erträglich weitergeht）的联系。因而，我们接下来的任务就是对这一信赖（diese Zuversicht）进行现象学的描述。

依胡塞尔所言，我们的生命具体实施于指向事件的意向性关系中，我们以各种不同的行为方式与这些事件相关联。在此意义上，生命就是“意向性的生命”。生命中的所有事件都在视域中向我们显现，而这些视域又归属于作为视域的世界，它是在未被对象化的情况下为我们所熟知的，囊括一切的指引关系（Verweisungszusammenhang）。相信可承受的生命之延续（das Leben erträglich weitergeht）之所以具体地固定在一种原始的信赖（Urvertrauen）中，如此被理解的世界还将在未来继续存在。这种原始信赖的基础建立在意向性生命的一个基本特性上，这是我在第二次讲座中强调过的：很长时间以来，我都意向性地意识到这一同样的事件（指上述生命的延续——靳希平），此事件之所以可能，只是因为这个事件的诸种显现方式——我的意识一直伴随着这些显现方式——之间是相互兼容的（kompatibel），在这个意义上，一种“一致性”（Einstimmigkeit）一直统治着（herrscht）这些显现方式。也就是说，我从一开始就意识到。

我事先已经意识到，我的意向性的意识生活有着多种延续的可能性，这种一致性也由此得以持续地留存下去，而其他的、中断这种可能性也同样是可以预见的。意向性生命的每一次延展只能在预先给定的可能性的轨道上进行，它必须嵌入由这些可能性所开辟的期待的视域中。正如我在第二次讲座中所说，在此意义上，每个预定都可能有其“充实”。我们也可以在狭义上使用“充实”这一概念，并赋予其积极的意义，使“充实”成为与“失望”（Enttäuschung）对立的概念。在意向性生命的延展中，当与预先给定的可能性相矛盾的事件未发生时，狭义上的积极的“充实”才会发生。倘若没有如此，那么发生的就是“失望”。

虽然我们无可避免地反复经历如此理解的“失望”，但只有每次都以对视域意识的特定的指示关系为背景，失望才能作为失望被体验。在这些指示关系中，狭义的、充实的、崭新的可能性再次呈现出来。因此，这也属于胡塞尔开拓性的发现，意向性生命中一致性的缺失不可能出现，囊括一切的指示发生（Verweisungsgeschehen），即“世界”的发生，不可能由于缺乏肯定的、充实的可能性而中断。因此，意向性生命得到了这一原始信赖的支撑，迅速以崭新的、肯定的、充实的可能性将一切失望加以平衡，使世界在未来也会继续存在，并保护我们免遭毫无出路的负面的意外。只有这一原始信赖，才能使我们人类产生这样的想法：我们被允许保有这一合理的信念，即生命在可承受中延续着。就此而言，这一原始信赖——用胡塞尔的话来讲——是希望之动因的根基。

在一切指示关联中，相应的充实的可能性都是预先给定的，但这些可能性不是“自在的”，其存在并非与我意向性的发生毫无关联，而是仅仅因为我具有意识——“通过指示，我能够把握预先给定的充实可能性”。这些可能性已经被传递到我的“我能”，也就是我的能力，我的全能中，胡塞尔用了一个比较成功的新造词来表述它：权能性（Vermöglichkeiten）。我在支撑我对世界之信赖的权能性中，处于其内部的我的所能，如每一种“能”那样，以“力”为前提。这种占有力量的感受，可以阐释为作为生物的人的生命力（vitale Kraft），这会唤醒上文中我们所提到过的印象，即希望是一种基于我们作为生物躯体的本性而形成的感受。然而，这样的自然主义使得这个随时准备在充实的世界视域中持续存在的原始信赖，罩上了一层并非由现象学的内在视角得到的释义。

这一自然主义的解释不是完全错误的，它使我们感觉到，作为感受的希望以对一种力量的体验为前提，我们对世界的信赖就是由这种力量构成的。这就留下了一个问题，我们如何在内在视角中如实地描述这一力量。倘若我们以这种力量支撑着我的开拓界视域的权能性，即我之所能（Koennen）为出发点，我们就会从中得出将希望与乐观主义相混同的结论。乐观主义者对未来所做出的肯定判断一言以蔽之就是：“会好起来的。”在前科学的归纳中，这种泛泛的说法的基础——我的“我能”（ich kann）反复将新的充实的可能性指示于我。

尽管希望与乐观主义具有相似性，但将其与“我能”的乐观主义等量齐观，是与希望的内在视角不相符的。因为这种等量齐观设定了一个前提，即在根源上，希望所涉及的是我们生命中未来的事件，此类事件可以带来个别的、肯定的充实，我们的意向的权能性向我们指示出这未来的事件，但也存在着一种超越了所有意向性的个别的、充实的希望。马赛尔将其总结为：对这种希望来说，其所期望的善仅仅存在于与不幸的对照中；在这种不幸中，绝望看不到任何出路。这里的不幸就在于所有充实的可能性均被切断。如我们在一开始提到的，各种指示（Verweisungen），亦包括对肯定的充实可能性的指示，使得我们对意义的体验，对显现的诸事件的理解成为可能。视域是理解的维度，它们为我们的行为敞开了活动的舞台，这是因为通过对诸多关系的指示（Verweisungszusammenhaenge）的理解，视域进入到某种程度的光明之中。就这一意义而言，每一种充实可能性的断裂，都会将我们驱逐到昏暗与无法动弹的绝望中，也就是被我们具体地认作黑夜、昏沉、枷锁或囹圄之类的东西。

马赛尔的观点在下述意义上是值得肯定的：存在一种绝对的，除了绝望的对立面之外别无所是的希望。这种情况在马赛尔的母语中被表述为“desespoir”（绝望），即对*espoir*（希望）的否定。马赛尔声称，如此一种绝对的希望（Hoffen）就是本真的希望（Hoffnung），在胡塞尔的概念中，它描绘了希望原初的完型（Gestalt）。马赛尔曾经对自己提出责难：在某些情况下，对于希望来说，并非仅仅存在着一边是“囚禁与昏沉”，另一边是“自由与光明”的抉择，因为希望也可以指向在“当下”业已呈现的幸福的圆满达成。以孕妇为例，如用德国人的一种很美的方式来表达，她有着“好的希望”（guter Hoffnung）。在此情况下，被期望的似乎已露出端倪，其肯定的充实可能性只是正在升级，这种可能性可以说是只剩最后一步的完善工作要做了。

然而，刚刚提及的“好的希望”所指向的那个“好”并不仅仅是在克服业已开始的充实进程中剩余的缺陷，马赛尔很正确地指出了这一点。让我们停留在孕妇的例子上，这一“好的希望”的背景更多是对母亲和孩子原则上无法超越的威胁，它来自无法计量的脆弱性及最终的死亡（Sterblichkeit）。这类对人类的威胁无时且无处不在，因为在实际状况中，每个人都被置于无可避免且无法预见的威胁之中。与此相关联的是马赛尔时代的法国文学中常说的“condition humaine”（人的条件）。

作为这样的“人的条件”中包含着无法剔除的昏暗或囚禁的特征，即使在看上去很幸福的人们那里也是如此。因此，那些看起来似乎只是关涉到业已开始的充实的圆满达成的希望，最终这些“希望也仅仅突显于它们所隶属的被扬弃的人的条件的昏暗，突显于囚禁的绝望中”而已。在这一意义上，我们可以附和马赛尔说，希望在其原初形态中就是这种绝望的反面情绪（Stimmung）。

我刚才使用了“情绪”这一概念，因为现在我们可以利用德语中的一种区分了。只要一种情感上的联系原初地指向一种最广义的“对象”，也就是说，指向与我的意向性意识相一致的一极，那么，在这里说“感受”（Gefühl）或许是最恰当的。然而也存在这样的可能性，即通过情感上的境遇，我从整体上领悟我的生存条件。在这里最恰当的称谓就是德语词“Stimmung”（情绪）。通过最后的思考，我们得出了如下的结论，尽管世界事件可以带来各种特定的充实，原初形态的希望最终会超越世界事件的联系。希望作为一种情绪，即使在缺乏可期待的，可以对象化地进行把握的事件的情况下，也能保持其存在状态。一种超越所有意愿之物的意愿，不可能还是意愿，而一种超越一切的希望的活动恰恰构成了希望的原初形态。

原初所经验到的希望的力量，并不依赖于某一个我所具体地、意向性地指向的充实是否确实出现。在人的条件无法捉摸的条件下，有依赖性的希望最终会听任绝望的摆布。希望的纯粹情绪存在于失望的顽固性中，纯粹情绪通过失望的顽固性去超越个别期待中的充实的所有失败。然而，现在的问题是，这是否意味着缺乏能带来充实的事件意向性所指向的希望也是可能的？原初经验到的希望的“纯粹性”（Reinheit）是否应被理解为这样一种无客体性？马赛尔有时会这么说，但对于希望的内在视角来说，这并不恰当。因为希望包括力量，而只有这种力量的特性，才能解释希望的另一个我尚未论及的特点。

显然，把希望的实施、保持和强化作为我意图的对象，以便使它们变成我良好的习惯，这属于我的可能性。如此看来，希望好像是一种由亚里士多德所创立的伦理学传统意义上的态度或美德。因此，经院哲学才将希望归入美德之一。然而，这一美德并不属于源自前基督教的古典时期的四大基本美德[①]；毋宁说，希望是三大“神学美德”之一，也就是说只有以基督教的启示为前提时，这些美德才能得到认可。这些美德——信仰、希望、爱——被视为在救赎进程中赠予人类的礼物。然而，在这一神学观点背后还有一个哲学的视角：希望作为一种感受在向美德转换，而这是我们有意并付诸实施的。这一转换有其界限，即我感受到了“遭受”（Affektion），我忍受着它，它同有意地去做某事是矛盾的、对立的，这是一种被动的状态。

只有当美德具备习惯的特征时，感受才能转化为美德，因为习惯也是被动产生的；意志的决断仅能唤醒对习惯产生的心

① 这里指由柏拉图总结出的古希腊的四大基本美德：智慧、勇敢、谨慎和公正。而基督教的基本美德在此基础上加上了信仰、爱和希望。所以黑尔德接着说，“希望是三大‘神学美德’之一”。——译者注

理准备，却无法积极地产生习惯。倘若希望在转化为美德时，完全失去了其作为感受所拥有的遭遇性特征（Widerfahrnis-Charakter），它就不再是希望了。如果我们不单纯地将其作为一种感受来看待，即不仅仅感受到指向世界中带来特定的、充实的事件的意向性，而是把情绪作为原初的、纯粹的形态来欣赏，亦即欣赏超越一切对象性指向的情绪，那么希望的这种遭遇性特征就会更加清晰地显示出来。当情绪向我们袭来时，主动影响我们的东西几乎会完全停止。并且，事实上，当我们完全置身于人的条件的昏暗及幽禁的摆布之中，并时时感受到绝望的威胁时，从一种情绪状况骤变为另一种能赋予我们希望与勇气的情感状态绝非我们的意愿。

在充满绝望的情绪状态中，世界视域的整体出现了。因而，从绝望威胁下的情绪状态到一种信念的骤变意味着世界自身也整个发生了转变。当我“当下”充满不幸的总体状况中解脱时，这一状况中世界自身也成为了另外的世界，超越了我意志的力量，因为这种解脱无法意向性地期望，并从单个世界事件之间的联系征兆中预知。整体的世界视域只能以一种之前完全无法料想的方式转变为另一个世界视域。在这个意义上，希望作为情绪向惊奇开放。这里的惊奇并未嵌入任何一种期待视域中，它粗暴地打断了事件所期待的发展进程。希望这一视角构成了动因的基础，使人们可以说：“希望与所有希望相反。”第二讲中的论点，在这里以希望为具体的例子得到了证实，即深层情绪的特征是回避任何前瞻性的预期，以此为将来做准备。

通过上面的论述，我们获得了希望针锋相对的两张面孔，而它们最初仿佛互不相关。一方面，希望似乎是一种深层的、对意外完全敞开的情绪，这种情绪作为遭遇，使我们意志的力量对它无可奈何。另一方面，它表现为一种对原始信赖的感受：信赖一个意向性的期待视域的持续存在。这一期待视域补偿性地不断赋予我们崭新的、积极的充实，这是我们用自身权能性的力量所能够把握的。对两方面的分解有着令人无法忽视的反对意见：在一种受绝望威胁的情绪状况中，即便我们无法通过自己的力量逃离此种境地，却也存在这样的可能性，即我——或者某个他人——告诫我自己，不要放弃希望，也就是召唤我的力量。

因为在希望的、纯粹的、非意向性的情绪与希望之间存在着一座桥梁，所以作为带着肯定充实的意向性指向的感受，在我们这里才能显现出富有意义的行为的可能性。这就是与世界的未来持续存在之间的关联，它们两者同属于这种关联。希望作为感受，其意向性特征需要一种与世界中特定事件产生关联，希望之火在此点燃，并因此处于与世界的关系之中。同样的，那个纯粹的、原初的希望也处在与世界的关系当中，因为这里关涉的是那个不可预期的转变。然而，即使世界的转变是彻底且令人意外的，它也还是一个世界，只有在这个世界被经验为个别的、意向性地意识到的事件界域的时候，它才能展现为意外转变了的世界。因此，希望作为情绪，向一个“完全不同的”、崭新的世界敞开，也需要指向一些被具体地期待着的事件，希望之火由此点燃。具体来讲，“希望活动”（hoffen），如马赛尔所表述的那样，永远是一种“希望什么的活动”（hoffen，dass...）。也就是说，希望是一种通过特定的在世界中显现的事件，进行生命的充实的希望。

基督教神学在*fides qua creditur*（主观信心）与*fides quae creditur*（客观的信心）之间作出了传统的区分，“通过它”人才信的那种立场叫信；信仰的内容，“被信”的东西也叫信。仿效这一区分，我们可以区分*spes qua speratur*（主观的希望）与*spes quae speratur*（客观希望）。希望作为深层情绪，通过它我们才有希望活动，作为希望这一感受所意向性的指向对象，也叫希望。比如我们可以这样说：“心脏手术的成功就是我的希望。”希望在此作为“被期盼者”。希望有两面，因而只能在*spes quae*（所希望）与*spes qua*（正希望）之间游移地发生。希望灵活地处在两种立场之间：第一种立场积极地发展自身的力量，我们正是借助这种力量期盼指向关联中那些带来希望的事件的显现。第二种立场中，我们将自己让渡给情绪，任其摆布，这一情绪是不受我们自身力量影响的。

将这两种针锋相对的立场统一为一个单一的、在两极之间灵活运动着的一种立场几乎是不可能的事，所以，在欧洲传统中，我们会发现人们对于美德的观点总是坚持上述两种立场中的某一种。

我们在情绪中体验到，我们被让渡给了世界，由此出发，斯多亚学派得出了一个极端的结论：世界充满不幸的状况处在*eph'hemin*之外，亦即我们自己的权力所涉及的领域之外。因此，对于斯多亚主义来讲，有效的是通过对这一思想进行持续地不断的当下化而从情绪中解脱出来。正是在这种情绪中，我们体验到了世界充满不幸的状况，体验到了作为遭遇的命运，即作为*páthos*（悲怆）与之相应的在这一情状中受到了痛苦的折磨，这在希腊语中也叫作*páthos*（遭受）。在斯多亚哲学家的眼中，面对这种绝望，我们的存在做如此理解的激情状态（pathische Verfassung）可能会将我们推入到这种绝望之中，我们只有一条获救的途径，即尝试去消除我们存在中激情的部分。任何从*páthos*中的解脱，同样也是从希望的*páthos*中的解脱。在无激情状态下训练冷漠（*apathia*），可以使我们在命运的打击中免疫，在充满不幸的世界状况中，我们所遭遇的正是这种命运的打击。

斯多亚哲学的无激情状态（*apathia*）放弃了与来自命运的打击进行对抗的决心，他们对于这种打击只能作出如下告诫：以坚忍的态度接受。在这种坚忍中，我们可以看出希望游离于两个极端立场中的一种立场，即我们将自己让渡给不受我们自身力量影响的情绪。在斯多亚哲学中，对这一坚忍立场的接纳会付出如下的代价：无激情状态会扼杀任何将我们意向性地与世界上所发生之事关联起来的感受，其中也包括对他人痛苦的同情。由于斯多亚主义者必须拒绝让一切痛苦“进入内心”，因此他封闭在自身之中，他的态度不能向外散射。斯多亚主义的原则是，通过阻止命运触动内心的方式卸去命运的武装。这个原则通过人性的缺失触到了人性的边界。这是托马斯·阿奎那在基督教立场上所提出的，针对斯多亚哲学的最有力的反驳，这也是马赛尔的文中被重新提起的反驳。

与无激情状态不同的是这样一种态度：试图通过积极地在他人身上投入自身的行为，来避免上文所述的人性的缺失。斯多亚主义者因接受了不可避免性，并在此意义上承认了命运，从所遭受的惨败中走出，他投降了。这种投降的反面是一种为了他人全心投入的战斗，它取代斯多亚主义无所谓的态度，采取了与不幸相抗衡的立场。这一构想中最有说服力的代表人物就是加缪。他在自己的世纪小说《鼠疫》中通过里厄医生与瘟疫的抗争，生动地表述了这一立场。在情感上，医生让自己被荒谬触动，这种荒谬不可避免地闯入我们的存在中。由于命运，他置身会被伤害的危险中却从不绝望，因为他积极地与这种命运的荒谬性进行抗争。

同样的，在行动着的反抗中采取的立场也是上述两者——希望游移于其间的两者——之中的一个，也就是积极发展自身力量的决心。与斯多亚主义的冷漠类似，希望在这里也只是单一地被呈现出来；它所游移的两极中的一个被忽略了：对命运无意义的积极抗争，不能允许自己顺从的这样一种情绪，即我们被置于其中的、对靠自己的力量无法战胜的命运的容忍并与之相称的情绪。由于人存在的意义只能在这种无意义的斗争中得以保存，这种反抗就具有了不可变通的特征，它顽强地拒绝着不幸，这是一种硬化甚至是痉挛，因此除了与荒谬的对立之外别无意义可寻。马赛尔中肯地观察到，较之这一立场，原初形态的希望是以一种特有的松弛状态与不幸对峙的。

作为希望者，我强有力地抵制不幸，并且在它面前毫不妥协。然而这一抵抗并不是对不幸进行积极反抗的否定，毋宁说是积极情绪的敞开状态，即“当下”的生活状态会以完全不可预料的方式向更好的方面转变。在这一意义上，马赛尔说，希望者随机应变地在需要容忍的地方容忍。他用矛盾的修辞刻画了这种立场，即“积极地不予容忍”。希望者积极地生活，但却以灵活的方式对待根本不在自己力量控制之内的对不幸的胜利，并因此显示出一种充满谦恭的强大，这种谦恭还禁止他谈论自身。因此，马赛尔再一次准确地观察到，属于希望范畴的，还有从事希望的“我”的不突出性（Unscheinbarkeit），这正与斯多亚主义对美德的骄傲相对立。

但是，希望者如何才能成功地做到一方面谦恭地、坚忍地并且灵活地把自己让渡给独立于自己力量之外的情绪的遭遇，这种情绪向未来完全的不可预料性开放，另一方面又积极地将力量投入到与不幸的抗争之中？只有在下列两个条件成立时，这种开放性才能够与这种向未来投入力量的行动统一起来：首先，在遭遇这种情绪中，一种异于我的力量出现了，这种力量优于我作为人所拥有的力量，并且在此意义上，它才能扮演一个“超越人类的”援助者的角色。其次，这并不意味着它可能存在于我自身的力量“之外”，是一种具有竞争性的力量，因为这会导致情绪的遭遇与自身力量的经验的分离。只有当这一优越的、超越人类的力量在遭遇中出现，并在一定的方式中无法与我自身力量相区分的情况下，统一性才可能在此构成。这里必然涉及到我自身内部的力量源泉，它以悖论的方式给予我较之自身力量之外更多的东西。

欧洲传统中的基督教神学，在《圣经》启示中具有无限大能量的神之恩典中已经找到了这种超越人类的力量，并且以允诺救赎的信仰为基础，把这种希望作为“神学美德”来谈论。但是，我们也可以设想另一种希望，它从别的超越人类的援助者那里汲取力量。例如大乘佛教中对来自阿弥陀佛（Boddhisattva Amitabha）的超人力量的援助的希望。在日本的佛教中，这种给予希望的力量的矛盾性，引发了经典学派之间的一个争议，即成佛（光照，顿悟）的进程是由自己的力量（jiriki）还是借由外部的力量（tariki）实现的。

方法论上，对一切存在进行的悬搁和判断终止禁止现象学家去作出下面这样的判断：希望的矛盾立场是否存在于身体的某处，还是将希望的情绪纳入到相应的道德行为习惯中会更好些。但是，现象学家会尝试回答假设性的问题，即通过怎样的方式我们才能使这种立场的形成成为可能——如果我们假设它存在的话。我已经尝试作出这样的回答，答案将我们引到了神学这边。

第六讲

世代生成的时间经验

（靳希平 孙周兴 译）

一

在20世纪，人们试图研究我们是如何原始地经验时间的，由此便把关于时间的古老问题重新列入了研究议程。尤其是现象学的早期代表，如胡塞尔和海德格尔，他们都曾经研究过这个问题。我们这里想重新接过这一问题。按照本文的观点，只有从原始的时间经验出发，一种关于时间的哲学理论才可能获得具有说服力的认识。我这里讲的原始的时间经验指的是人们只有通过它才能注意到“时间”的存在的经验，而这种经验也有可能促使人们去构成关于“时间”的概念。

到底是什么首先推动我们人注意到这个被我们称为“时间”的东西呢？显然，与时间相遇是用不着某种非同寻常的体验或者事件的，对时间的意识乃是我们“日常”生活的组成部分。时间意识与“日常”生活的关系是如此紧密，以至于在德语中（在其他语言中也一样），我们干脆就用一个已经表达出某种时间经验的概念，即“日常的”（alltäglich）这个概念来指称平常的生活。自从海德格尔在《存在与时间》中对日常生存与本真生存作了区分之后，日常性和日常世界就成了哲学中的流行概念。尽管如此，人们仍很少注意到，“日常的”这个词的构成已经是某种时间经验的积淀。

“日常的”，亦即每一天，在前一夜的睡眠之后，生命重又苏醒过来。平常生活的方式有着夜以继日、日以继夜的周期性。这种周期性不是一个偶然的事实，它是一种必然性，这是因为我们人是生命体。我们“日复一日地”生活，因为我们每日都有新的经验；我们每日都重新经验到某些需要必须得到满足，如若没有满足这些需要，我们就无法活下去。在这个意义上，我们的生命是与“日子”（Tag）绑在一起的。生命必须“日常地”得到实施。古希腊早期诗歌经常把人描述为“*ephemeros*”，即把人描述为一个把自己的生命交给了“日子”的东西——后者用希腊文来说就是“*hemera*”。希腊文“*ephemer*”一词的原本意思并不是指人“蜉蝣命短”，而是指人经受日复一日的变化。人每日都察觉到自己是一个“**日子动物**”（Tagwesen），这在我看来就是关于时间的原始经验。正是先通过希腊人所谓“度日的”（*ephemer*）的时间经验，也就是说，由于我们注意到日常性乃是我们的生活形式，我们才得知时间的存在。

但是，我们不仅在日常状态中经验到生命常新的苏醒，或者说，我们生命的周期形式。日复一日的生活是作为个体的人面对生命存续的必然形式，而这种必然性也体现在延续人类这个物种的生命的任务中。因为老一代人终将死去，所以，总是要有新一代人诞生和成长起来。人类的“种类”（*genera*）必须周期性地更新，也即必须“世代再生”（re-generieren）。在这个意义上，人类的生命就是以“**世代生成的**”方式实现的。

“世代生成的”这个概念既表示生命存续是通过个体和种类的“世代再生”的进程实现的，同时它也表示，在种类中通过周期性实现的生命存续采取的是“代代相继”的形式。因此，除“**日常性**”之外，我们生命状态经验的第二种基本形式就是“**世代生成性**”（Generativität）。对这种词语的用法，我采纳了一个在胡塞尔后期起重要作用的概念，对世代生成性的意识也是一种对时间的原始经验。我们不得不注意到时间的存在，因为我们生活在同龄人、老年人和青年人之中，也就是说，我们显然属于前后相继的世代序列中的某一代人。

通过生命力的不断消耗和不断的周期性再生，我们的生命存续得以实现。黑夜的降临打断我们在白昼的日常生活，这是生命力再生的开始。夜间的沉睡使我们的生命得以更新，因为它缓解了生命存续的压力，而这种缓解是与遗忘联系在一起的。在正常情况下，我们把沉睡与黑暗相提并论，这是因为遗忘与黑暗有着内在的联系。古希腊语中的动词“*lanthánomai*”就表明了这种联系。我们经常用“遗忘”来翻译这个动词，但它的真正意思是：某个东西向我隐蔽自身。显现之物能在其中隐蔽自身的那个东西就是夜晚的黑暗。人“度日”（ephemeros）生活，每天的再生是在黑暗的隐蔽状态和沉睡的遗忘中实现的。

无论是“度日”的时间经验，还是“世代生成的”时间经验，它们都呈现出周期性再生的必然性，因此这两种时间经验之间就存在着对应性，在许多文化中都可以看到这一点。个人的沉睡在世代生成角度看就是死亡，每个人作为某一代人中的成员都得遭遇死亡。所以，在欧洲，从古希腊文学开始，死亡与沉睡就一直被看作两兄弟。这个类比延续到“日子”与“生命”的内在联系和结构上。生命旺盛，如日中天；垂暮之年，如夕阳西下。从世代生成角度来看，衰老是一种进程，对此进程的经验与对新一代成长进程的经验密不可分。类似的，到晚上人们精疲力竭，个体生命力的再生为新的一天积蓄了力量。疲劳与恢复这种相对运动是与世代生成的时间经验的另一个基本特征联系在一起的：我们经验我们生命的时间，就如同白天走向黑夜一样，未来的储备不断减少，过去的积存与日俱增。

然而，我们要小心，切不可因为度日的时间经验与世代生成的时间经验之间的相似性而忽视了两者的差别。尽管度日的时间经验使人首先注意到时间，但同时，这种经验也使人受日子的束缚，从而使人无法看到那种时间，即那种包括个人生命的整体。此外还有众多生命相继序列的整体时间，只有当人把他的生存和他人的生存置于当时那个世代之中时，上述人生的整体性才能被注意到。

只有当人的生命整体处在世代生成的序列之中时，人才能在严格意义上产生“叙述”。当然，人们能够讨论他们为满足日常需要而做的各种事情，并且也不懈地去做这类事情，但他们并不真的会把这些讨论材料当作某种通过流传保存下来，并为后人所记忆的东西，此类材料会付诸遗忘。值得记忆的各种故事以及“历史”，首先是在日常生活的间距化进程中形成的，也就是说，它们是在摆脱了日常生命存续的压力的自由时间中形成的。在欧洲传统观念中，这种自由时间被称为“闲情逸致”（Geschichten）。这个被称为“闲情逸致”以及亚里士多德所谓“善的生活”（erzählen）而备下的自由空间，是通过世代生成的时间经验而开启的。

人能够叙述历史，因为人天生就有“逻各斯”，有语言。“逻各斯”原本是指“**比例关系**”。所以，这个词也出现在希腊数学中。对“逻各斯”最好的翻译是“**解说**”（Rechenschaft），因为这个译名可以让人听出“逻各斯”与计算（Rechnen）和数学的联系。我们生活的周期和世代的周期是可以计数的，并且可以用这种方式进行计算。在许多文化中，有文字记载的历史都始于母系家谱、纪年史或者编年史，这应该不是偶然。无论是按世系延续叙事，还是按政府的历年更迭叙事；无论是按皇帝统治的周期叙事，还是按其他什么方式叙事，历史叙事首先都与可计数的周期性重复形式密切相关。

同计数相关的解说与语言之间的内在统一性乃是“逻各斯”的特性。这种统一性涉及世代生成的时间经验中一种特有的歧义性：一方面，在这种时间经验中，比如在度日的时间经验中，生命存续的周期性得以显露出来；而另一方面，这种世代生成的时间经验之所以成为可能，恰恰是因为人能冲破生命周期性重复的禁锢，获得一种关于事件的意识。这些事件由于其新鲜和独特性而脱离了周期性重复的循环，因此要求通过叙事将其在记忆中保存下来。我们在世代生成中所经历的时间，恰恰就处于相同之物的循环轮回与线性叙事时间（Erzählzeit）之间的界线处。

由于上述这种系统性的关键作用，胡塞尔合理地指出，“世代生成性”在迄今为止的哲学中未能受到足够的重视，它理应受到更多的关注。海德格尔在《存在与时间》中谈到狄尔泰时，人们注意到了“世代”（Generation）概念的重要性，但令人惊奇的是，他几乎没有探讨过世代生成性现象。在我看来，这与海德格尔对“逻各斯”的理解有关。海德格尔完全无视了“逻各斯”中所包含的数学计算的含义，明确地表示不同意把“逻各斯”翻译成“解说”。在海德格尔《存在与时间》的时间分析中，我们上面提到的恢复与疲劳、未来的减少与过去的增加之间的互补关系也同样没有受到重视，尽管奥古斯丁、谢林和舍勒等思想家早已看到了这个现象对原始的时间经验的重要意义。伽达默尔在1969年的一篇献给海德格尔的文章中也指出了上述这些关系，尽管他在文中并没有提到“世代生成性”这个概念。

二

以上是关于世代生成的时间经验的一般性说明，下面我准备更准确地考察一下世代生成的时间经验。我们先从一个看起来十分平淡无奇的事实开始：世代生成的时间体验本质上总是与人们的共同生活密切相关的。只有在我们构成团体的地方，不管这个团体是以同一代人为主，还是分属于不同世代，只有在这里，我们才能遇到世代生成性。不过，在一般情况下，度日的时间经验也与团体生活经验密切相关。如果我们把度日的时间经验与世代生成的时间体验相应的团体生活经验作相互对照，我们就能更清楚地看到这两种时间经验之间的差别。

当人们需要共同实现他们日常的生命存续时，就产生了对共同工作进行计划的必要性。为了准备和生产满足需要的手段，这种计划是必不可少的，它需要的恰恰就是参与者的差异性。在《政治学》的开头，亚里士多德也由此得出一个结论：在存续生命的劳动中不可避免地会出现某种落差，即两类人之间的某种差距。一些人由于具有计划性理智（*diánoia*）方面的优势而经常负责发号施令，这类人就是“*despótes*”；而另一些人则听命于前者，是“*dúloi*”，是从事奴隶般劳动的奴仆。在《精神现象学》的一个著名章节中，黑格尔把这种关系称为“主–奴”（Herr und Knecht）关系。在这里，德文的“Herr”（主人）一词还可以让人听出希腊文*despótes*的一点余音。希腊文*despótes*一词经过德语的转化成了“专制君主、独裁者”

（Despot）的意思，但其原义指的是古代社会里大家庭的主人。这个主人（*despótes*）凭其专制的权力把生命存续的重负转交给了奴隶，而奴隶为了保存自身生命的利益而服从主人的命令。

所以，主人和奴隶的这种角色分配代表了一种共同体的特征，这种共同体的形成来自人们在度日的生命存续进程中的合作。这种**主奴共同体**以命令和服从关系为基础，所以它原则上是不平等者之间的一个共同体。与此完全不同的共同体之所以产生，是因为人们为了世代生成的生命存续之故而共同行动，这种共同体就是**传统的婚姻**。我这里讲的婚姻是指一种持久的关系，由男人和女人构成，他们在生儿育女中成为父母，即儿女的生产者和教育者。对后代的操心隐含着世代生成的时间经验。尽管在古代欧洲，只有男人才有参与政治生活的权力，就此而言，男人拥有一种相对于女人的优势地位，但从世代生成、人类生命更新的角度来看，男人和女人是平等的，因为在这个进程中，双方同样必不可少。

在与世代生成的时间经验有关的婚姻关系中，男人与女人是平等的，而在与度日时间经验相关的“主–奴”关系中却是不平等的。这两者形成了鲜明的对照。亚里士多德在《政治学》中首先关注了这一点，并使用了“度日”这个概念，而迄今为止的阐释者们很少注意到这一点。这种对立是亚里士多德在其《政治学》一书中最具奠基性意义的导论部分中提出来的。在那里，为了说明城邦的本质，亚里士多德从家（*oikos*）的本质出发，也就是从家庭生活空间的本质出发来说明城邦的本质特性和形成过程。以这个发生性的推导过程，亚里士多德想说：家是政治共同体之所以可能出现和存在的前提条件，而且不需要进一步对此加以推导说明。对亚里士多德来说，这就意味着，在这两种人类共同生活的方式中，必定存在着某种本质性的共性和某种本质性的差异。

这个本质性的差异表现在：城邦是这样一个人类共同体，在其中，人们依据相应的法律相互承认，承认每个人都具有自由平等的权利。也就是说，城邦是一个由公民（*politai*）组成的共同体。“政治”（politische）这个词的原始意义就是依据法律而建立起来的具有平等地位的公民们的共同生活。如果掌权者不尊重公民的自由权利，而对其他民众采取这样一种在结构上与度日的生命存续中的主奴关系完全一致的态度，那么，“政治”一词的原始意义中的共同生活就失败了。因此，自亚里士多德以来，这种遭到破坏的共同体都被称为“独裁的、专制的”（despotisch）。由此可见，家与完美城邦之间的本质差异就在于在共同体公民之间，占支配地位的是平等；相反，在家庭成员之间占支配地位的是不平等。最起码在家里的共同生活是由度日的生命存续任务及与此相应的专制关系来决定的，情况就是如此。所以，只有当家里的共同生活者处于平等的地位时，我们才可能找到家与城邦之间的一致性。但从本质发生的角度来看，这种平等首先存在于男人与女人的婚姻共同体中。

亚里士多德认为，民主制城邦的平等在家庭内部显示为夫妻地位的平等。亚里士多德这里讲的男女平等似乎是迄今为止的女权主义哲学一直没有注意到的。当然，不可否认，由于他的一些其他著作，亚里士多德成了我们哲学传统中贬低妇女地位的思想的先驱者之一。但更为重要的是，凡是在讨论世代生成中必不可少的不同性别的人共同生活的地方，亚里士多德都是毫不含糊地主张男女平等的。根据他的这一立场，我们可以说明，为什么亚里士多德在《政治学》一开始对城邦的本质作出解释时，就引人注目地加入了一段针对所谓“野蛮人”的激烈争辩。在这里，所谓“野蛮人”，亚里士多德将其理解为其他文化的成员，他们落后于人的本质特性，即人的“逻各斯”天赋。通过占有“逻各斯”，人们才得以在某个政治共同体中共同生活。在亚里士多德看来，人是政治的动物（*zóon politikón*），因为人是具有“逻各斯”的动物（*zoon logon echon*）。在希腊人对“野蛮人”这个概念的日常运用中，包含着对来自其他文化人民的贬低，这是古希腊人的历史局限性。撇开这一点不谈，亚里士多德在此实际上是认为：男人们不愿承认女人的平等地位，而是专制地对待她们，这种情况充分表明了“野蛮人”的无能，即“野蛮人”没有能力完全实现人的存在，不能在平等中共同生活。

亚里士多德为政治哲学所揭示的公民自由平等，乃是近代人权传统的来源。尽管在理论上还存在着分歧，但在政治实践上，人权是有一个明确的方向的。当人们以人权的名义指责不良状况时，这个方向就变得显而易见了：它的抗议活动总是针对专制压迫的，也就是说，它是以人与人之间的平等关系为前提的。而这种平等关系基本上是可以在婚姻关系中经验到的，因为夫妻双方对世代生成的生命存续的平等参与就体现了这种关系。

在世代生成意义上被理解的婚姻关系，本身是在生育后代和对后代的教育中完成的。因此，婚姻关系扩展为家庭，并且在家庭成员之间以及与其他家庭成员的关系中，重又出现了婚姻平等问题，因为孩子们是潜在的父母。这一点也已经为亚里士多德所认识，但由于把女人排除在政治生活之外，亚里士多德把自己的考察工作仅仅局限于兄弟关系之间。不过，凭借他所理解的兄弟关系，亚里士多德推动“博爱”（Fraternité）成为以人权为标志的法国大革命的主导性比喻之一。

由于夫妻和子女与世代生成的时间经验有着不可分割的联系，因此，为了更深入地考察这种时间经验，我们需要对父母之间以及父母与孩子之间的关系作一种更仔细的分析。在上面，我们已经划清了夫妻关系与“主-奴”不平等关系的界限，使得夫妻关系的特征更加明晰。造成“主-奴”不平等关系的劳动具有工具性特征：通过劳动产出的一切，说到底都是为了达到个人生命存续目的的工具。由于度日的生命存续与世代生成的生命存续的相似性，我们也可以把生儿育女解释为一种劳动，对子女也做一种工具性考察。

一般的，后一代人可能被父母们和前一代人看作自己的老年生命存续的保障手段。于是，在度日的生命存续的共时分工之外，似乎也出现了一种历时的分工，即世代生成性的分工。众所周知，在近代之前的社会中，这种与后代的关系导致了人们对多子多孙的追求。而在现代社会中，儿童出生率的降低是因为个人的老年生活保障完全社会化了，是通过德国人所谓的**“世代契约”**（Generationenvertrag）来进行的。

这两种老年保障方式，无论是对多子多孙的追求，还是世代契约，尽管两者之间存在着各种差别，但它们在一个重要方面却是一致的：母亲的贡献（怀孕、生产、幼儿教育）都表现为一种效力于共同度日的世代生命存续的劳动。妇女对于后代的世代生成方面的操心，成为对生命存续的一种扩展，即通过日常不断重复的、为满足需要服务的奴役劳动，而达到生命存续的目的。男人也必定对共同度日的世代生命存续有兴趣，而从生物学角度看，男人不可能作出上面指出的母亲的贡献，所以，妇女在世代生成方面的“成绩”就获得了一种工具性的作用，即专制关系中的奴仆为主人的劳动所产生的那种作用。为主人的度日生命存续而效力的奴仆，正如亚里士多德所言，就是一个活的工具。妇女对后代在世代生成方面的操心成为了奴役劳动，并且由此失去了那个原本为她们与男人们的平等地位奠定基础的特征。这一点恰恰就是上面提到的亚里士多德针对野蛮人的批评的真正根源。

这种显而易见的**生育的工具化**，以及相应的妇女在婚姻关系中所处的奴役地位，其根源就在于抹煞了度日的时间经验与世代生成的时间经验的差别。照此看来，只有当婚姻关系中出现某种可能性，让人确凿无疑地经验到世代生成的生命存续与度日的生命存续之间的根本差别，在这个条件下，妇女的平等地位才可能得到实现。所以问题就在于：在婚姻关系中存在着这样一种可能性吗？关于世代生成的生命存续，夫妻有可能获得一种真正的经验，也就是一种没有被工具化歪曲的经验吗？如若人类生命的世代更新没有明确地与日常的更新区别开来，那么世代生成的时间经验从一开始就不可能作为本身得到展开。但是，真正地在世代生成意义上体验时间，或者说，在与度日的时间经验相区别的意义上体验时间，这到底是什么意思呢？

在世代生成意义上经验我自己的生命，这意思就是说，超越对个别日子的注视，远眺我的生命整体，作为生死之间的成长和衰老，后者作为整体归属于可以在历史意义上叙述的世代序列。但是，要想对人生整体开放自我，人就需要有一种泰然豁达的态度（Gelassenheit）。谁如果不能把自己的衰老和死亡的生命进程置于世代序列之中，他就无法获得一种世代生成的时间经验，不可能真正超越度日的时间经验。真正的世代生成的时间经验要求个人承认，他只不过是世代链条中的一个过渡环节而已，更确切地说，他得为自己的衰老和死亡做好准备，以便为新来的一代腾出地方。

当然，我这个说法容易引起误解。因为它听起来好像是在说一种真正的世代生成的时间经验在于“听天由命”，即人应当完全听命于一般生物的不断生成和消逝的自然规律。在非人的自然界，生物的特性就在于它会为后代的生活做准备、腾地方；因为每个物种的延续都是在代代相继的个体的生成和消亡中实现的。倘若人们对个体进行还原，认为它就是人类这个物种的一个几乎不可替代的标本，那或许是对人的一种毫无根据的、自然主义式的贬低了。个人的尊严在于，他比上面所说的这种标本拥有“更多”。自古希腊以来，哲学传统上把这个“更多”理解为人所拥有的“逻各斯”。这本身就是对人在政治上的自由平等的规定的论证。在这里，自由意味着自我规定，或者用康德的话来说，就是“自决”（Spontaneität）。也就是说，自由的要义在于，个人能够“开创”（anfangen），也即能够自发地开始做某种新的东西。

对自由的发挥受到劳动方式的阻碍，在共同生活的专制关系中，这种劳动就是由奴隶完成的劳动。这样一种劳动表现为那些总是重复的事务的永恒循环，而这些事务在生命存续的前提下是为满足日常需要所必需的。生命存续的永恒循环包含着老一代人的不断衰老和新一代人的不断成长。因为妇女对世代生成性的贡献属于这种循环，所以这种贡献就可能表现为一种奴役劳动。正如阿伦特曾指出的那样，在其原初的具体含义中，“自由”就是拥有能力去打断毫无新意的奴役劳动的循环。自由首先意味着能够开始做某种新东西，用一个词来讲，即“开创能力”（Anfangenkönnen）。当康德谈到“自决”时，他已经以自己的方式看到了这种“开创能力”，而且在这里，自我规定这个概念也有了它的基础。因为人能够“开创”，所以一些有价值的东西才可能通过叙事而得以保存，不至于遗忘。

如果面对自己世代生成性的消失，人应该采取一种泰然豁达的态度，那么，就只有当这种态度并没有与人的开创能力相冲突，也就是说只有当它不能被理解对生命循环的自然主义式的听天由命时，它才可能形成一种真正的经验，这种经验将突破通过专制方式组织起来的度日的生命存续的禁区。因此，问题就在于人如何能够把这一点与他的自由、他的开创能力统一起来？人如何能够承认他自己的衰老和死亡，即为新一代提供位置的衰老和死亡？使人的语言和公民政治参与成为可能的自由，与可以通过计算把握的人这个生物的生存周期性，两者互不排斥，这一点已经在“逻各斯”这个概念中表达出来了。但问题是，这两者是以何种方式内在地联系在一起的？在没有以自然主义的方式贬低人的尊严的情况下，世代生成的时间是如何成为可能的？

三

现在我们应当来解答这个问题了。在此我想以海德格尔《存在与时间》中的时间观为出发点，因为尽管海德格尔既没有正确地对待世代生成性，也没有正确地对待与此相关的“逻各斯”，但他的时间分析仍然包含着一种重要的认识，为说明世代生成的时间经验开辟了道路。那就是人对本己的死亡的准备。只有通过这种准备，人才能获得一种时间经验，一种超越日常状态的时间经验。这种对本己死亡的准备是与一种关于生命整体的情绪性经验联系在一起的。在《存在与时间》中，死亡意味着一种随时存在着的可能性，即一切生存可能性都成为不可能的可能性，这种可能性是在“畏”这种情绪中呈现出来的。在“畏”中，人觉悟到，处于生死之间的人生整体是一种唯一可能的存在。在海德格尔看来，只有当人准备好接受“畏”，并且为他的必死性做准备时，他才可能不掺假地经验到自己的生存的时间性。这样一来，日常的生存便转变为本真的生存。

本真状态的生存样式和其中可能出现的时间经验是以“畏”的准备为基础的。根据《存在与时间》，只有通过一种彻底的孤独，这种“畏”的准备才成为可能。个人把死亡作为唯一属于自己的东西接收下来，任何人都不可能代而行之。从术语上讲，“本真性”（Eigentlichkeit）这个概念就是返回到向来为我“自己”所有的东西之中。虽然这种返回也能以新的方式把握与他人共同生活的生存的可能性，但根本上，在这种对本己之物的专注中，以及对日常时间经验的超越中，他人是不起作用的。对于这一点，人们已经多有批评，但这种批评经常流于表面。在我看来，海德格尔在此领域中的分析之所以不够深入，是因为他没有弄清楚应当如何理解生存的整体性。

尽管海德格尔也谈到从生到死的生命整体，但正如我们已经提到的，他没有深入探讨下面这一点：这个整体是以世代生成的方式展开的，也就是说，是在对本己的衰老与新一代的成长之间的互补性经验当中展开的。海德格尔或许会把这种经验看作非本真的，也即日常性的生存。但实际上，我们必须把生命整体的世代生成性经验与度日的日常状态——后者标志着日常的生存——的时间经验严格区分开来。我们已经注意到了“主-奴”关系的不平等与夫妻关系的平等之间的基本差异，两者分属于不同的共同体。在这种基本差异中又酝酿着民主制的政治平等。如果我们注意到这一点，则上述两种时间经验之间的区别就会特别清楚了。但海德格尔在哲学上对此类问题根本不感兴趣。

只有当我们从世代生成的时间经验出发来加以理解，认识到这种时间经验不同于度日的时间经验，能够为人开启生命的整体性，只有这样，海德格尔提出的对日常状态的超越才能够被具体地把握。个人可能鉴于自己生命的世代生成意义上的整体性，通过与异性组成夫妻关系并且生儿育女，有意识地为新一代人让位。但是，如果他心里只怀着上面提到的两个动机，或是出于老年保障的动机，或是出于自然主义式的听天由命，那么他就无法超越日常状态的禁区，也即度日的时间经验的禁区。

如果仅仅是因为看到世代生成的生命存续自然地与老一代人的死亡联系在一起，因此才顺从我自己的生命的过渡性，那这就还不是真正自愿接受本己的死亡，说到底还只是受自然必然性的强制而表现出来的顺从。这样一种顺从与**自发开创**的自由是不可相提并论的。据此看来，世代生成的时间经验与日常状态的鲜明区别是有前提的：一方面是能够开创，并且做好准备以世代生成的方式去接受死亡；另一方面，这种开创能力和准备并不是相互分离的，而是要作为统一性来经验的——这就是“逻各斯”概念已经暗示出来的那种统一性。

因为一种仅仅认识到自然必然性的顺从是不够的，所以要紧的是，对世代生成性的死亡的肯定（Ja-sagen）超出了一种纯粹以理智方式进行的肯定。它必须是一种发自整体“心情”（Gemüt）的肯定，也就是说，它不仅是思想性的，而且还是由情绪和感情驱动做出的肯定，对为下一代让位行为的肯定。用海德格尔的话来说，这肯定是由整个“处身状态”（Befindlichkeit）来承载的。这样的可能性无疑存在，即为了另一个人的生存，某人以这种方式同意失去自己的生存。有人出于爱情牺牲自己的生命，此类现象就是这方面的证据了。

但在一般情况下，这样一种牺牲或奉献针对的是业已存在的他人，即其生命与我的生命共存的他人——我出于爱为他人奉献出生命，他人的生存得以存续下来。生存意味着可能存在，这就是说，它是行动以及重新开始的可能性的持续。但在这种或者那种行动中，一切开创能力的前提是，一般可能存在的开端，亦即作为一种新生存而涌现的诞生已经发生了。在其原初的开端状态中，开创能力就是诞生；只有在诞生中，这种开创能力才仿佛从零点开始出现。

但是，诞生并不是出生的人的能力，诞生归结于父母的能力。父母通过生育和培养让一个孩子的生命得以开创，这样，他们就能够把一个可以说纯粹的开端设立起来。这里讲的“让……开创”，如果意思是指一种出于爱而进行的对自己的生命可能性的奉献，为的是孩子生命的可能性，那它就超越了老年保障，也超越了对自然必然性的服从和认识。当然，孩子作为这样一种爱的“接受者”在生育那一刻尚未开始生存，诞生的生存开端是即将发生的事。所以，这种没有接受者的爱到底是如何可能的，这似乎就成了一个谜团。

但事实上，父母之爱的接受者是存在的，那就是处于相互联系中的夫妻双方。对未来孩子的爱起于夫妻双方相互间的性爱，因为前者被经验为父母相互间的爱的扩大、延伸或者证明。柏拉图是注意到这一现象的第一人，他在《会饮篇》里指出，性爱包含着“美之生育”（Zeugen im Schönen）。不过，柏拉图马上把这种生育解释成不朽，解释成对超时间之物的分有，从而又把这一现象掩盖起来。如果说父母在孩子身上继续生存，那么这不是对永恒的分有，而恰是他们对本己的世代生成式的死亡性的自愿确认。

这样，我们在第三部分提出的关于一种未经歪曲的世代生成的时间经验的问题就已经得到了解答。我们的答案就是：这种时间经验是以对某个人——他的生存开端尚在准备中——的爱这种特殊现象为基础的。这种爱实行的是奥古斯丁所改写的“*volo ut sis*”（“我愿故你在”）的字面意义。在以这种爱为形态的对下一代的肯定中，一种创造性的、起于本己的开创能力的生命更新，就从那种受日常需要的压力影响的生活中生长起来。这种肯定包含着对我这一代人的死亡以及我自己的死亡的认同。作为这样一种对死亡的接受，它就是本真状态的一种具体形态，是对日常状态的超越。

但这样一来，与海德格尔关于本真状态的看法不同，死亡没有对人之生存赋予一种别具一格的意义。因为，与《存在与时间》中的描述相反，死亡并不能保证生存整体性的经验。人的生命的时间整体性，只有通过一种把这个整体性嵌入到世代进程中的原初经验才能为人所理解。但这种原初经验是使后代全新的开创能力成为可能的进程，是一种充满爱意的诞生。在这里，本真状态的激情并不是由死亡来定义的，而是由生命来定义的；生命在后代全新的开创能力中的更新受到父母的肯定，父母因这种生命而感受自己衰老的生命。在这里，本真状态并非源于对本己死亡的孤独的接受，而是源于夫妻性爱的共同的创造性行为；这种创造性行为预先开放出一种全新的开创能力。关于这一点，马塞尔已作过启发性的说明。

作为贯穿整个生命时间的整体，每一种人类生存都归属历史进程。由于海德格尔抓着死亡不放，本真状态与生存的历史性之间的联系在《存在与时间》中还并不清楚。因此，海德格尔未能使“世代”变成一个卓有成效的概念——虽然正如我们上面提到的，他也注意到了这个概念。只有通过生命诞生的传递，生存才能以本真的方式向那种使历史成为可能的世代生成性开放自己，由此也才能使世代生成现象在人类学中获得关键地位，而后者已经被胡塞尔察觉。

四

最后我想来做一种历史性的思考，它关系到我们社会中真正的世代生成的时间经验的未来可能性。为此，我想来谈谈现代之前的家庭（*oikos*）的两个方面。正如它们在亚里士多德那里表现出来的一样，在现代之前的家庭结构中，度日性的劳动与世代生成的生命更新在组织上是一体的。在近代之前的欧洲，整个人类社会就是建立在这样一个日常性与世代生成性统一的基础上的。在今天，许多非欧洲文化中仍有这种情况。但从政治上看，作为生命存续的两种基本共同体的融合，即专制的主奴关系与非专制的婚姻关系的融合，前现代的欧洲家庭以及非欧洲的传统家庭是矛盾的。

只要家庭的共同生活具有专制的生命存续的特征，并且在此意义上是“野蛮的”，那么，从中就不可能形成对政治上的、平等自由的共同体形式的准备。日常生命存续的必要性转变为家庭主人的专制统治，这种统治首先表现在妻子的奴隶式地位中，有时甚至也表现在儿子们的奴隶式的地位中。它也可能扩大为某个主人对奴隶的统治，这个主人不仅在家里对家庭实行专制统治，而且也对一个或大或小的王国实行专制统治。因此，就像亚里士多德在《政治学》开头说明的那样，每一个受这样一种专制统治的王国根本上无非是家的一个“分蘖”（*ap-oikia*），也就是说，是专制家庭的扩大化。这就意味着，每一个以此种家庭为基础的文化，尽管也采取了社会共同生活的方式，但从总体上看都是具有专制本质的。

欧洲文化之所以能够发现政治维度——共同体中公民性质的维度，是因为在这种文化中出现了某种可能性的萌芽：人们不是从其度日的和专制的方面出发来经验家庭共同生活，而是从夫妻平等以及相应的兄弟姐妹平等的角度去经验家庭共同生活。只要家庭实际上被理解为不平等者的共同体，那就不可能出现一种**名副其实的政治公民的共同生活**，亦即一个由自由平等的人们组成的共同体。但在家庭中也有这样的可能性：为了在一个自由的政治世界中实行“善的生活”，而超越日常的、由不平等决定的生活。这种可能性已经包含在真正的世代生成性的时间经验中了。从世界历史的角度看，根据亚里士多德的说明，这种家庭（作为一种公民平等的文化的准备形态）的经验在古希腊人那里首先发挥了作用。

只有在充满奉献精神的爱中，世代生成性的时间经验对度日的时间经验的超越才是可能的。只要人们没有看到这一点，那么上述由希腊人开启的家庭理解就不能真正发挥作用。为了弄清楚这一点，就需要从自由出发对性爱作一番解释。在前现代的欧洲没有出现这种解释，因为在这个时代，人们是基于一种自然主义的视角来看待亚里士多德的立场，完全从通过繁衍的生命存续的角度——用托马斯主义的话讲，即人类的繁衍（*propagatio generis humani*）——来思考婚姻的。只有主体性原则在现代思想中得到了贯彻，这个时候，对婚姻和家庭的不同理解才成为可能。

真正说来，性爱往往被情人们经验为某种他们掌握不了的东西，也就是某种极其强大的东西，用希腊人的说法，是某种“神性的东西”。因此，性爱成为了一种不仅仅依赖于情侣们的主观自由的实践活动。尽管如此，性爱也可以被解释为某种主体性的东西，因为正是自由承担责任的主体让自己的内心产生出爱的感情。因此，在历史上才有可能从开创能力的自由出发重新去规定以爱为基础的婚姻。现代思想完全是以这种开创能力的自由为标志的，这种自由在康德那里被解释为主体的自决。

根据主体性原则的统治地位，近代婚姻中渐渐形成了两个主体之间的一种自由地基于爱情进行选择的结合，这样一来，家庭也获得了一种完全不同的面貌。在《法哲学》中，黑格尔做了一种直到今天仍有思考价值的尝试，他试图把现代关于作为主体的爱情共同体的婚姻规定与古代欧洲关于家庭繁衍共同体的婚姻规定协调起来。当然，与后期海德格尔一样，黑格尔也不是现代民主制度的支持者。因此，在他对家庭的周密重构中，黑格尔忽略了亚里士多德的考察，即在夫妻和孩子们的平等中，原初地酝酿着政治上的自由平等。

主体性原则的统治地位同时也促使人们对在亚里士多德那里发端的关于人的规定——即人是“逻各斯”的动物——做一种说明。到近代，作为政治动物的人的自由才完全清晰地显露出来，也就是当人权——构成现代民主制度基础的人权在美国和法国被宣告出来的时候。但是，把人解放出来使之获得人的自由，这个进程无论在内容上还是在历史上都深深地植根于**父母之爱**，即预先把孩子的开创能力开放出来的父母之爱，进一步讲，就是植根于老一代人为下一代人提供开创能力的生命条件而特有的操心中。自由不是现成摆在那儿的东西，而是通过父母在世代生成意义上的aus der generativen Freigabe（给予婴儿自由，解放婴儿——靳希平）而“诞生”的。在卢梭《社会契约论》（*Contrat Social*）开头的纲领性表述——人“生而自由”——中，仍可以让人听出我们这里讲的这种联系。

但在主体性原则中，自始就存在着一种发展可能性，随着这种发展，近代远离了它的意义本源，乃至于全然遗忘了这个本源，这是胡塞尔和海德格尔以不同方式描写过的事情。因为人在世代序列中，生命时间的整体构成了那种对后代家庭操心的时间境域，所以合乎逻辑的是，我们欧洲传统（但其他前现代的文化亦然）把以生育后代为目标的男女关系理解为一种原则上终生的结合，即婚姻。此类以主体性原则为标志的发展进程之一就是：在今天，以主体性的爱情自由为名，人们开始打破生儿育女与世代生成性的婚姻共同体之间的牢固纽带，并且把与生命的世代更新毫无意义关联的固定性爱关系视为与婚姻具有同等地位的事情。

诚然，对终生婚姻的彻底抛弃在北美和欧洲也是新事物，刚刚开始成为一种在社会上蔓延开来的行为，但要说这只不过是一种瞬息即逝的时尚，或许是一种错觉。事关一种发展进程，而就主体性原则的一种无限制统治来说，这种发展是顺理成章的，而且它很可能导致如下后果：终有一天，西方社会中的大多数人将不可能获得真正的世代性经验。生儿育女或许将仅仅被视为性爱关系的创造，或多种可能形式中的一种可能。对哲学来说，后果就是我们将缺乏一种经验基础，我们将不能理解我们在此所阐发的这样一些有关家庭思想的实质。

上述未来前景并不与如下要求对立，即每个人都得进入婚姻生活并且在婚姻范围内生儿育女。为后代服务是有各种各样的可能性的；而为后代服务，也不过是以一种符合自身生存的方式参与自启蒙时代以来享有“人类教育”美名的伟大工程。我们这里所作的思考，与其说要端出什么“伦理要求”，不如说我们只是想以一种现象学的方式唤起一种原初的经验。为教育年轻人所做的全部贡献，作为关于后代对前代人的依赖关系的经验，这种原初的、植根于肉身的经验形态，乃是这种原始的性爱效应的变化形式。无论对年轻一代教育的具体贡献有多大，只要人们彻底遗忘了有一种关于世代生成性的原初经验，那么这种贡献的意义就是悬而未决的。

根据本章开头的思考，世代生成意义中创造性生成的爱情乃是人类（*creare*）的原初形式，任何“创造性活动”在意义的角度看都得归结于这种原初形式。因为只有在一种爱情中（也包括肉体上的生育后代），我们才能经验到人本质的完整统一性，即自由的开创能力与人在世代序列的肉身自然中的归属关系的统一。不无可能的是，人们有时候再也看不到上述事实，类似于色盲总是对颜色无动于衷。以生育为基础的世代序列对历史具有奠基作用，这一点使得世代序列对于历史性国家来说变得至关重要了。也许有一天，对于世代生成的创造活动的原初优先性与它对历史可能性的意义之间的内在联系，对有关婚姻和其他性爱伙伴关系的立法将会视而不见，不再予以理会。

为了彻底更新对后代的家庭式的爱的观念，西方人或许必须破除摧毁婚姻的主体性原则的魔力。但另一方面，从世界历史的角度看，唯有这种原则才使人权的发扬光大成为可能。人权乃是一种普遍的、民主的、世界伦理中不可扬弃的部分，若没有这种世界伦理，今日全部人类文化的共生繁荣就注定会在一种充满野蛮斗争的世界文明中终结。是不是在没有主体性原则的情况下，我们也可以设想人权和对后代的家庭之爱呢？东亚和伊斯兰社会具有强烈的家庭观念，也许他们比西方人更有可能保存世代生成的时间经验的基础。但是反过来讲，也许这样一种对家庭观念的维持是有代价的，人们只是在表面上应用民主制度中自由平等的共同体形式，而不能够基于对人权的信念内在地拥有这种形式。借助亚里士多德的想法，我们难道不可以提出这样一个问题吗？

无论情形如何，在此问题的背景中值得注意的是，东亚和伊斯兰社会中许多对西方持批评态度的人指出，我们上面提到的发展成了年轻一代的包袱。他们有理由认为，西方社会固然庄严地宣告了人权，但只有少数人想得到，在对后代的家庭式操心与人权要求的可信性之间可能存在着一种内在的联系。

西方人对意义本源的遗忘也包含着下面这一点：他们没有意识到，迄今为止以家庭为基础的，对下一代的爱和关怀构成了人权有效性的真正的意义基础。

问题是，如果这种酝酿着关于政治平等经验的家庭伦理继续萎缩下去，那么，对一种原初的世代生成性的时间经验来说还有什么机会呢？在西方，而且也许在世界范围内（由于受整个人类的“西方化进程”的影响），我们难道不是在面对着这样一个时代，在其中，人类生活的全部关系越来越在一种支配一切的日常状态的层面被平均化？是否存在着一条出路，让我们摆脱以主体性原则为标志的、度日的时间经验那咄咄逼人的统治地位？